普通高等教育"十三五"规划教材

生物技术制药实验指南

董彬 主编

北　京

冶金工业出版社

2022

内 容 简 介

　　本书内容共分5章，第1~4章分别以基因工程、细胞工程、抗体工程和发酵工程为主线，对其涉及的基因工程上下游技术、细胞培养技术、单克隆和多克隆抗体制备技术，以及微生物培养技术的基础实验，做了重点介绍；第5章为综合设计实验，介绍了系统运用大肠杆菌和毕赤酵母分别进行蛋白类药物制备，以及人血红蛋白单克隆抗体的制备和工业微生物的筛选与鉴定。

　　本书有较强的教学针对性与应用性，可作为高等学校制药工程专业实验教材，也可供生物技术制药领域的研究人员参考。

图书在版编目(CIP)数据

　　生物技术制药实验指南/董彬主编 .—北京：冶金工业出版社，2020.8（2022.9重印）

　　普通高等教育"十三五"规划教材

　　ISBN 978-7-5024-8560-3

　　Ⅰ.①生… Ⅱ.①董… Ⅲ.①生物制品—药物—制造—实验—高等学校—教材 Ⅳ.①TQ464-33

　　中国版本图书馆 CIP 数据核字（2020）第 138732 号

生物技术制药实验指南

出版发行	冶金工业出版社	电　话	(010)64027926
地　　址	北京市东城区嵩祝院北巷 39 号	邮　编	100009
网　　址	www.mip1953.com	电子信箱	service@ mip1953.com

责任编辑　高　娜　宋　良　美术编辑　吕欣童　版式设计　孙跃红
责任校对　郭惠兰　责任印制　禹　蕊
北京富资园科技发展有限公司印刷
2020 年 8 月第 1 版，2022 年 9 月第 2 次印刷
880mm×1230mm　1/32；4 印张；115 千字；116 页
定价 28.00 元

投稿电话　(010)64027932　投稿信箱　tougao@cnmip.com.cn
营销中心电话　(010)64044283
冶金工业出版社天猫旗舰店　yjgycbs.tmall.com
（本书如有印装质量问题，本社营销中心负责退换）

前　言

　　"生物技术制药"是生物工程和制药工程专业的必修课程，以生物技术为基础，系统介绍了生物技术在制药行业的应用，包括基因工程制药、细胞工程制药、抗体制药和发酵工程制药等。通过该课程的学习，学生可全面掌握生物技术药物生产的一般规律、基本方法、制造工艺及其控制原理，培养学生从事生物技术药物研发和生产的专业技能，同时介绍生物制药领域的最新进展。生物技术制药实验是生物技术制药课程内容相对应的实验教程，重点在于结合理论课堂知识，通过系列实验夯实学生生物技术实验基础，提高生物技术综合实验的实践操作能力，对生物技术制药课程能够做到理论与实际结合，系统掌握相关知识并能灵活运用。但生物技术制药理论课程由于涉及分子水平的研究，并且理论课程内容繁多，具有一定的抽象性。因此，生物技术制药实验课程的开设有助于学生实际操作相关实验，锻炼逻辑思维和动手能力，因此，如何从繁多的实验中选取具有典型性和代表性，容易让学生掌握并能进行操作的实验内容，就显得至关重要。

　　本书是在参考了大量国内外经典著作与文献的基础上，结合作者多年的生物技术研究经验、教学实践以及对本门学科的理解，精心挑选出了与生物技术制药理论课程中基因工程、细胞工程、抗体工程和发酵工程相关性最强，在实际应用中最广的实验作为实践内容，剔除了一些实践操作性不强，实际应用不多的实验。所选实验内容与专业具有很强的相关性，具有基础性强、适用范围广和应用性突出的特点，可以重点增强学生生物技术制药基础实践能力的培养，与同类教材相比更具有针对性和实用性。本书不仅可作为高等学校生物制药、生物技术等专业的实验课程教材，也可供从事生物技术制药、生物技术应用相关的技术人员实验参考。

　　本书第1章主要是以基因工程为主线，内容包含质粒DNA提取、琼脂糖凝胶电泳检测、PCR法扩增DNA、感受态细胞制备、DNA的重组拼接技术等基因工程上游技术，以及基因工程下游的重组蛋白诱导表达、纯化、鉴定等技术和方法，所选实验均为可操作性强、应用范围广、具有代表性的典型实验。第2章以细胞工程为主线，内容包含植物细胞和动物细胞的培养、原生质体分离和融合、细胞传代、冻存与复苏等基础实验。第3章为抗体工程与制药技术，内容主要以单克隆抗体和多克隆抗体的制备和纯化为主线，将相关实验进行分解学习，包括脾细胞制备、杂交瘤细胞融合、杂交瘤细胞筛选、单克隆抗体和多克隆抗体的纯化等，针对性和实用性较强，便于学生掌握和理解。第4章内容为发酵工程与生物技术制药，主要包含微生物的基础培养基配制、无菌操作、生长曲线分析，并以曲霉固体发酵生产纤维素酶及酶解底物反应为例进行综合运用。第5章内容为综合设计实验，其中第1、2节分别以原核生物大肠杆菌和真核生物毕赤酵母为例，从载体构建开始到蛋白表达、纯化、活性鉴定系统运用基因工程和微生物培养相关技术，让学生可以对所学知识融会贯通，第3节以单克隆抗体制备为例，让学生系统设计和实施一种单克隆抗体从无到有的制备过程，第4节主要是进行高产聚苹果酸菌株筛选分离，主要针对发酵工程制药中涉及的工业微生物的筛选和鉴定进行系统学习。

感谢天津科技大学樊振川教授为本书的编写提供了非常好的建议并给予指导；还要感谢滨州学院孙春龙副教授、张晨曦副教授在本书的编写过程中，提供了大力支持。

由于编者水平所限，书中不足之处，诚请读者批评指正。

作　者
2020 年 4 月

目　录

生物技术制药实验室管理规则

（1）学生进入实验室要保持安静，自觉遵守纪律，按班级有秩序地入座，不经教师允许不得擅自摆弄教学仪器、药品和模型标本等教学设备。

（2）做实验前，要认真检查所有仪器、药品是否完好齐全，如有缺损应及时向教师报告，予以调整补齐；未经教师宣布开始，不得擅自进行实验。

（3）实验药品不得入口，取用有毒药品时更要小心，不得接触伤口。实验时所产生的有毒或腐蚀性废物、污水等要妥善排出或集中深埋，严格按环保部门规定处理，严禁随地抛弃。所有化学试剂及其溶液均不得敞口存放，均须保持清晰的标签。严禁向下水道、垃圾道倾倒有机溶剂和有毒、有害废物。贵重试剂、剧毒试剂及放射性同位素，应有专人负责保管。

（4）实验完毕后，要认真清点整理好教学仪器、药品及其他设备；玻璃仪器要刷洗干净，摆放整齐，并向教师询问仪器、药品禁止使用情况及问题，经教师或实验教师验收并得到允许后，再放好桌凳，关闭门窗后，方可离开实验室。

（5）爱护公共财物，小心使用教学仪器和实验设备，注意节约药品和水电。实验室内的仪器、药品和其他设备未经实验教师许可，不准带出实验室。

（6）储存、使用危险化学品，应当根据危险化学品的种类、特性，在实验室、库房等场所设置相应的监测、通风、防晒、调温、防火、灭火、防爆、泄压、防毒、消毒、中和、防潮、防雷、防静电、防腐、防渗漏、防护围堤或者隔离操作等安全设施、设备，并按照国家标准和国家有关规定进行维护、保养，保证其符合安全运行规定。

（7）对危险化学品的保管、使用和废弃处置，必须按照危险化学品安全管理的有关法规执行。危险化学品专用铁皮橱柜要设置明显标志，设备和安全设施应当定期检测，并按照国家标准和国家有关规定进行维护、保养，保证符合安全运行规定。

（8）实验人员应熟悉室内水、电的总开关所在位置及使用方法。遇有事故或停水、停电，或用完水、电时，使用者必须及时关好相应的开关。熟悉灭火器材、砂箱以及医药箱等的放置地点和使用方法，对安全用具要妥善保管。

（9）在实验室工作的所有人员都必须坚持安全第一、预防为主的原则，都应熟悉实验室安全制度和其他有关安全的规章制度，掌握消防安全知识、化学危险品安全知识和化学实验的安全操作规程。

（10）实验室安全负责人应定期进行安全教育和检查；指导教师有责任对学生进行实验前的安全教育，并要求学生遵守实验室的安全制度。

第一章 基因工程与制药技术

实验 1-1 质粒 DNA 提取

【实验目的】

(1) 了解碱裂解法提取质粒的原理和步骤。

(2) 掌握质粒 DNA 提取流程和分离方法。

【实验原理】

质粒 DNA 是存在于细菌或细胞染色质以外的、能自主复制的、与细菌或细胞共生的遗传成分，是染色质外的双链共价闭合环形 DNA，可自然形成超螺旋结构。不同质粒大小在 2~300kb 之间。质粒分为"严紧型"和"松弛型"两类。"严紧型"质粒其复制是与宿主细胞的复制偶联同步的，因此在每个细胞中的质粒只有一份拷贝，或最多只有几份拷贝。"松弛型"质粒是指质粒复制处于"松弛控制"之下，每个细菌中可以有 10~200 份拷贝，甚至可因宿主细胞停止合成蛋白质而增加至数千份，如 pBR322 质粒。质粒载体是在天然质粒的基础上为适应实验室操作而进行人工构建的质粒。与天然质粒相比，质粒载体通常带有一个或一个以上的选择性标记基因（如抗生素抗性基因）和一个人工合成的含有多个限制性内切酶识别位点的多克隆位点序列，并去掉了大部分非必需序列，使分子质量尽可能减少，以便于基因工程操作。碱裂解法提取质粒，是根据共价闭合环状质粒 DNA 与线性染色体 DNA 在拓扑学上的差异来分离它们。在 pH 值介于 12.0~12.5 这个狭窄范围内，线性的 DNA 双螺旋结构解开而被变性。尽管在这样的条件下共价闭环质粒 DNA 的氢键会被断裂，但两条互补链彼此相互盘绕，仍会紧密地结合在一起。当加入 pH=4.8 的乙酸钾高盐缓冲液恢复 pH 值至中性时，共价闭合环状的质粒 DNA 的两条互补链仍保持在一起，因此复性迅速而准确，而线性的染色体 DNA 的两条互补链彼此已完全分开，复性就不会那么迅速而准确。它们缠绕形成网状结构，通过离心分离，染色体 DNA 与不稳定的大分子 RNA、蛋白质–SDS 复合物等一起沉淀下来而被除去。

【实验试剂与器材】

材料：含有质粒的大肠杆菌。

仪器：恒温摇床、高速台式离心机、超净工作台、高压灭菌锅。

试剂：溶液 I：Tris · HCl（pH = 8.0）25mmol/L，EDTA（pH = 8.0）10mmol/L，葡萄糖 50mmol/L；溶液 II：NaOH 0.2mol/L，SDS 1%（W/V）；溶液 III：5mol/L 乙酸钾 60mL，冰乙酸 11.5mL（pH = 4.8），去离子水 28.5mL；氯仿–异戊醇（24∶1）；异丙醇、70% 乙醇。

其他：微量移液器、1.5mL 离心管、吸头。

【实验步骤】

（1）从平板中挑取转化后的单菌落（含相应质粒），接种到 20mL 含有适当抗生素（氨苄青霉素钠）的 LB 培养基中，于 37℃、220r/min 剧烈振摇下培养过夜。

（2）取 1.5mL 的培养物转入 1.5mL 的 EP 管中，于 4℃ 以 12000r/min 离心 1min。

（3）离心结束后，弃去上层培养液，再向离心管中加入 1.5mL 的培养物，于 4℃ 以 12000r/min 离心 1min。

（4）弃去上层培养液，使沉淀的细菌菌体尽可能干燥。

（5）将细菌沉淀重悬于 100μL 冰预冷的溶液 I 中，用移液器吸头吹打沉淀至完全混匀（无块状悬浮）。

（6）加 200μL 新配制的溶液 II 于每管细菌悬液中，盖紧管口，快速颠倒离心管 5~6 次，以混匀内容物，注意动作一定要轻柔缓和，切勿振荡。

（7）向管内加入 150μL 用冰预冷的溶液 III，盖紧管口，反复颠倒数次，使溶液 III 在黏稠的细菌裂解物中分散均匀，之后将管置于冰上 3~5min。

（8）在 4℃以 12000r/min 离心 5min，将上清液全部转移到另一离心管中。

（9）加 400μL 的氯仿：异戊醇（24：1）振荡混匀，于 4℃以 12000r/min 离心 5min，将分层后的上清液，约 300μL 转移到另一离心管中。

（10）加入 2/3 体积的异丙醇沉淀质粒 DNA，振荡混匀，于冰上放置 15min。

（11）在 4℃以 12000r/min 离心 5min 后小心吸去上清液，将离心管倒置于纸巾上，以使所有液体流出，再将附于管壁的液滴除尽。

（12）加入 1mL 70% 乙醇溶液洗涤沉淀，振荡混匀，于 4℃以 12000r/min 离心 5min，弃去上清液，在空气中使 DNA 沉淀干燥 5~10min。

（13）加入 20μL 灭菌的含 RNase A 的 TE 溶液溶解 DNA，贮存于 -20℃，以备电泳检测和酶切分析。

（14）用 1% 的琼脂糖凝胶电泳观察质粒的提取状况。

【注意事项】

（1）提取过程应尽量保持低温，所用实验耗材需灭菌后使用。

（2）提取质粒 DNA 过程中，除去蛋白很重要，采用酚/氯仿去除蛋白效果较单独用酚或氯仿好。要将蛋白尽量除干净，需经多次抽提。

（3）沉淀 DNA 通常使用冰乙醇，在低温条件下放置稍长时间，可使 DNA 沉淀完全。

【实验分析与思考】

（1）试述在提取质粒过程中，溶液 Ⅰ、Ⅱ、Ⅲ 的作用是什么？

（2）描述质粒 DNA 的电泳图谱，并解释产生的现象及可能的原因。

（3）在菌体准备过程中，为什么要尽可能地吸干离心管中的液体？

实验 1–2　琼脂糖凝胶电泳检测 DNA

【实验目的】

（1）学习 DNA 琼脂糖凝胶电泳的使用操作。

（2）掌握有关的操作技术和识读电泳图谱的方法。

【实验原理】

DNA 分子在琼脂糖凝胶中泳动时有电荷效应和分子筛效应，DNA 分子在 pH 值高于等电点的溶液中带负电荷，在电场中向正极移动。由于糖–磷酸骨架在结构上的重复性质，相同数量的双链 DNA 几乎具有等量的净电荷，因此它们能以同样的速度向正极方向移动。在一定的电场强度下，DNA 分子的迁移速度取决于分子筛效应，即 DNA 分子本身的大小和构型。具有不同的分子质量的 DNA 片段泳动速度不一样，利用这一原理可进行分离。DNA 分子的迁移速度与分子质量的对数值呈反比关系。凝胶电泳不仅可分离不同分子质量的 DNA，也可以分离分子质量相同，但构型不同的 DNA 分子。例如刚从菌体中提取的 pUC19 质粒，有 3 种构型：超螺旋的共价闭合环状质粒 DNA；开环质粒 DNA，即共价闭合环状质粒 DNA 的 1 条链断裂；线状质粒 DNA，即共价闭合环状质粒 DNA 的 2 条链发生断裂。这 3 种构型的质粒 DNA 分子在凝胶电泳中的迁移率不同，因此电泳后呈 3 条带，超螺旋质粒 DNA 泳动最快，其次为线状 DNA，最慢的为开环质粒 DNA。

【实验试剂与器材】

样品：质粒 pUC19（或其他质粒）。

仪器：琼脂糖凝胶电泳仪、紫外线透射仪或凝胶成像系统、微波炉或电炉。

试剂：5×TBE、凝胶加样缓冲液（6×）、琼脂糖、溴化乙锭溶液（EB）。

其他：微量移液器、1.5mL 离心管、吸头。

【实验步骤】

1. 制备琼脂糖凝胶溶液

称取 0.25g 琼脂糖，放入锥形瓶中，加入 25mL 0.5×TBE 缓冲液，微波加热至完全溶化后加入溴化乙锭溶液作为显色剂，摇匀，则制成 1% 琼脂糖凝胶液。

2. 凝胶的制备

（1）取琼脂糖凝胶仪制胶板的有机玻璃内槽，洗净并晾干。

（2）将有机玻璃内槽放置于水平位置，并放好梳子。

（3）将冷却到 60℃ 左右的琼脂糖凝胶溶液，缓缓倒入有机玻璃内槽，直至有机玻璃板上形成一层均匀的胶面，注意不要形成气泡。

（4）待凝胶凝固后，取出梳子，放入电泳槽内。

（5）向电泳槽加入电泳缓冲液至覆盖过凝胶表面。

3. 加样

用移液器将上样缓冲液与 DNA 样品按比例混匀，随后将混匀后的样品加入加样孔内，同时记录点样顺序及点样量。

4. 电泳

（1）接通电泳槽与电泳仪的电源，注意正负极，DNA 片段从负极向正极移动。

（2）当溴酚蓝染料移动到距凝胶前沿 1~2cm 处，停止电泳。

5. 观察

取出凝胶，在紫外观测仪上或凝胶成像系统观察电泳结果。在波长 302nm 紫外灯下拍照观察并保存图片。

【注意事项】

（1）确保实验全程无污染。

（2）缓冲系统：在没有离子存在时，电导率最小，DNA 不迁移，或迁移极慢。在高离子强度的缓冲液中，电导很高并产热，可能导致 DNA 变性，因此应注意缓冲液的使用是否正确。长时间高压电泳时，经常更新缓冲液或在两槽间进行缓冲液的循环是可取的。

（3）凝胶的制备：凝胶中所加缓冲液应与电泳槽中的保持一致，

溶解的凝胶应及时倒入板中，避免倒入前凝固结块。倒入板中的凝胶应避免出现气泡，影响电泳结果。

（4）样品加入量：加样量的多少依据加样孔的大小及 DNA 中片段的浓度和分子质量大小而定，过多的量会造成加样孔超载，从而导致拖尾和弥散。对于较大的 DNA，此现象更为明显。

（5）电泳系统的变化会影响 DNA 的迁移，加入 DNA 标准分子质量参照物进行判定是必要的。

【实验分析与思考】

（1）如何通过分析电泳图谱评判基因组 DNA、质粒 DNA 等提取物的质量？

（2）琼脂糖凝胶电泳中 DNA 分子迁移率受哪些因素的影响？

（3）如果样品电泳后很久都没有跑出点样孔，你认为有哪几方面的原因？

实验 1-3　PCR 法扩增 DNA 及鉴定

【实验目的】

（1）学习并掌握 PCR 扩增的基本原理与实验技术。

（2）对扩增后的 DNA 进行琼脂糖凝胶电泳试验，并分析相应结果。

【实验原理】

聚合酶链式反应（PCR）技术的原理类似于 DNA 的天然复制过程。在微量离心管中加入适量缓冲液，加入微量模板 DNA、四种脱氧核苷酸（dNTP）、耐热 DNA 聚合酶及两条合成 DNA 的上下引物，然后加热使模板 DNA 在高温下（94℃）变性，双链解链，这是变性阶段。随后，降低体系温度，使合成引物在低温（50~55℃条件下）与模板 DNA 互补退火形成部分双链，这是退火阶段。再将体系反应温度升至中温（一般为 72℃），在 DNA 聚合酶作用下，用四种 dNTP 为原料，引物为复制起点，模板 DNA 的两条单链在解链和退火之后延伸为两条双链，这是延伸阶段。如此反复，在同一反应体系中可重复高温变性、低温退火和 DNA 延伸这一循环，使产物 DNA 重复合成，并且在重复过程中，前一循环的产物 DNA 可作为后一循环的模板 DNA 而参与 DNA 的合成，使产物 DNA 的量按指数方式扩增。经过 30~40 次循环，DNA 扩增即可完成。

【实验试剂与器材】

材料：模板 DNA（1ng/μL~1μg/μL）、特异性引物。

仪器：PCR 扩增仪、微波炉、电泳仪、水平电泳槽、紫外透射仪。

试剂：DNA 聚合酶、dNTP、DNA 聚合酶缓冲液、引物、无菌双蒸水、模板 DNA、TBE、琼脂糖、EB 显色剂。

其他：0.2mL 薄壁离心管、1.5mL 离心管、微量移液器、吸头、制胶板。

【实验步骤】

（1）按以下次序将各组分加入灭过菌的 0.2mL 薄壁离心管内混合：

10×DNA 聚合酶缓冲液	5μL
20mmol/L 的 dNTP 混合液	1μL
20μmol/L 上引	2.5μL
20μmol/L 下引	2.5μL
10U/μL 的 DNA 聚合酶	0.5μL
模板 DNA	1~2μL
双蒸水	28~33μL
总体积	50μL

混匀后加盖。

（2）将薄壁管放入 PCR 扩增仪中，按照预定程序进行 PCR 扩增。其中循环过程需要达到 30~40 次。程序如下：

预变性：94℃ 3min

循环：94℃　变性 30s

　　　55℃　退火 30s

　　　72℃　延伸 30s

末次延伸：72℃ 5min

（3）PCR 扩增完成后，将样品取出并保存于 4℃ 环境中。

（4）PCR 结束后，取 10μL 产物进行琼脂糖凝胶电泳鉴定。

【注意事项】

（1）由于 PCR 技术非常敏感，可使一个 DNA 分子得以扩增，装有 PCR 试剂的离心管打开之前，应先在微量离心机上做瞬间离心，使液体沉积于管底。PCR 扩增反应的条件，是要控制好温度、时间和循环次数。

（2）Mg^{2+} 浓度是影响反映效率和特异性的重要因素之一。DNA

聚合酶对 Mg^{2+} 浓度非常敏感，Mg^{2+} 可与模板 DNA、引物以及 dNTP 等的磷酸根结合。不同反应体系中应适当调整 Mg^{2+} 浓度，一般以比 dNTP 总浓度高出 0.5~1.0mmol/L 为宜。Mg^{2+} 浓度过高，会增加非特异性扩增。

（3）温度循环参数中应特别注意复性温度，它决定引物与模板的特异性结合。退火复性温度可根据引物的长度，通过 Tm = 4（G+C）+2（A+T）计算获得。在 Tm 允许的范围内，选择较高的退火温度，可大大减少引物与模板之间的非特异结合。

【实验分析与思考】

（1）如果你的研究中要扩增大肠杆菌某个酶的基因，应如何进行相关实验？

（2）一对引物序列为 5′-GACTCCAGTCGAATCTACCA-3′ 和 5′-AACCGTGGCGACACCGCTAA-3′，请计算它们的 Tm 值及选择合适的退火温度，如果按你算的退火温度做 PCR 时没有得到相应的产物，应如何解决？

（3）如何分析 PCR 扩增结果？

实验 1-4   DNA 的重组拼接技术

【实验目的】

（1）了解限制性内切酶的分类、特性与作用原理。

（2）掌握载体和外源目的 DNA 酶切的操作技术。

（3）了解并掌握几种常用的连接方法。

（4）掌握构建体外重组 DNA 分子的技术。

【实验原理】

限制性核酸内切酶是一类能够识别双链 DNA 分子中的某种特定核苷酸序列，并由此切割 DNA 双链结构的酶，主要是从原核生物中分离纯化出来的。目前已经鉴定出 3 种不同类型的限制性核酸内切酶，即 I 型酶、II 型酶和 III 型酶。

II 型限制酶的切割位点一般在识别序列上或与之靠近，而且具有序列特异性，故在基因克隆中有特别广泛的用途。II 型核酸内切限制酶具有 3 个基本的特性：

（1）在 DNA 分子双链的特异性识别序列部位切割 DNA 分子，产生链的断裂；

（2）2 个单链断裂部位在 DNA 分子上的分布通常不是彼此直接相对的；

（3）断裂结果形成的 DNA 片段往往具有互补的单链延伸末端。

DNA 体外连接是指用 DNA 连接酶将两个 DNA 片段共价组合的过程。分子克隆中称做 DNA 重组，常用于外源 DNA 片段与线性质粒载体的连接。重新组合的 DNA 称做重组体或重组子。重组体的构建，是基因工程中的关键步骤。DNA 连接酶有两种：T_4 噬菌体 DNA 连接酶和 E. coliDNA 连接酶。E. coliDNA 连接酶只能催化双链 DNA 片段互补黏性末端之间的连接，不能催化双链 DNA 片段平末端之间的连接。T_4 噬菌体 DNA 连接酶既可用于双链 DNA 片段互补黏性末端之间的连接，也能催化双链 DNA 片段平末端之间的连接，但平末端之间连接的效率比较低。

外源 DNA 片段与载体分子的连接，即 DNA 分子体外重组，主要依赖于 DNA 连接酶来完成。DNA 连接酶催化两双链 DNA 片段相邻的 5′-磷酸和 3′-羟基间形成磷酸二酯键。在分子克隆中最常用的 DNA 连接酶是来自 T_4 噬菌体的 DNA 连接酶，并且该酶需要 ATP 作为辅助因子。

【实验试剂与器材】

材料：载体质粒、目的 DNA 片段。

仪器：台式高速离心机、恒温水浴锅、制冰机。

试剂：*Eco*RI 酶及其酶切缓冲液、*Hind* Ⅲ 酶及其酶切缓冲液、T_4DNA 连接酶及其缓冲液、双蒸水。

其他：微量移液器、吸头、离心管。

【实验步骤】

1. DNA 的酶切

（1）向清洁干燥并经灭菌的 1.5mL 离心管中，用微量移液器加入 5~14μL 质粒 DNA 以及 *Eco*RI 和 *Hind* Ⅲ 限制性内切酶的 10×缓冲液 2μL，再加入重蒸水，使总体积为 18μL；将管内溶液混匀后加入 *Eco*RI 和 *Hind* Ⅲ 各 1μL，用手指轻弹管壁使溶液混匀；也可用微量离心机甩一下，使溶液集中在管底。此步操作是整个实验成败的关键，要防止错加、漏加。使用限制性内切酶时，应尽量减少其离开冰箱的时间，以免活性降低。

（2）混匀反应体系后，将 1.5mL 离心管置于适当的支持物上，例如插在泡沫塑料板上，37℃水浴保温 1~3h，使酶切反应完全。

（3）向管内加入 2μL 0.1mol/L EDTA（pH = 8.0），混匀以停止反应，置于冰箱中保存备用。

2. DNA 的连接

（1）在无菌 1.5mL 离心管中加入以下溶液：

1）10μL 体积反应体系中，取载体 50~100ng 加入一定比例的外源 DNA 分子，一般线性载体 DNA 分子与外源 DNA 分子摩尔数比为 1∶1~1∶5，补足双蒸水至 $8\mu L$。

　　2）轻轻混匀，稍加离心，于 45℃ 水浴 5min，使重新退火的粘端解链迅速将混合物转入冰浴。

　　3）加入 10×连接缓冲液 $1\mu L$，T_4 DNA 连接酶 $1\mu L$。

　　（2）盖上管盖，充分混匀，台式离心机上离心 5s。

　　（3）12℃ 下过夜连接反应。

　　（4）反应结束后于 -20℃ 保存。

　　（5）再设立两个对照反应，其中一个只加质粒载体，另一个只加外源 DNA 片段。

【注意事项】

　　（1）限制性核酸内切酶的酶切反应属于微量操作技术，无论是 DNA 样品还是酶的用量都很少，必须严格注意吸样量的准确性，并确保样品和酶全部加入反应体系。

　　（2）限制性内切酶要在低温下储存，防止酶活性降低。

【实验分析与思考】

　　（1）影响限制性内切酶活性的因素有哪些？

　　（2）T_4DNA 连接酶的最适反应温度为 37℃，为什么实验采用温度为 12~14℃？

实验 1-5　化学转化法大肠杆菌感受态细胞的制备

【实验目的】

（1）了解化学转化法制备大肠杆菌感受态细胞的原理。

（2）掌握化学转化法制备大肠杆菌感受态细胞的操作过程。

【实验原理】

所谓的感受态，即受体或者宿主最易接受外源 DNA 片段并实现其转化的一种生理状态，是由受体菌的遗传性状所决定的，同时也受菌龄、外界环境因子的影响。细胞的感受态一般出现在对数生长期，这一时期的细胞是制备感受态细胞的最佳时间。制备出的感受态细胞若暂时不用，可加入占总体积 15% 的无菌甘油在 -70℃ 保存 6 个月。

化学转化法是指受体细胞经过 $CaCl_2$ 等化学试剂处理后，细胞膜的通透性发生变化，成为可以允许外源 DNA 分子通过的感受态细胞。进入细胞的 DNA 分子通过复制、表达，实现遗传信息的转移，使受体细胞出现新的遗传性状。

大肠杆菌的转化常用的化学转化法即 $CaCl_2$ 法，其原理是细菌处于 0℃ 的 $CaCl_2$ 低渗溶液中，细菌细胞膨胀成球形，转化混合物中的 DNA 形成抗 DNase 的羟基-钙磷酸复合物，粘附于细胞表面，经 42℃ 短时间热冲击处理，促使细胞吸收 DNA 复合物。在丰富培养基上生长数小时后，球状细胞复原并分裂增殖。被转化的细菌中重组子中基因得到表达，在选择性培养基平板上可选出所需的转化子。如在 Ca^{2+} 的基础上联合其他的二价金属离子如 Mn^{2+}、Co^{2+}、DMSO 或还原剂等物质处理细菌，则可使转化率提高 100~1000 倍。化学转化法具有简单、快速、稳定、重复性好、菌株适用范围广的优势。

【实验试剂与器材】

材料：DH5α 菌株细胞。

仪器：制冰机、恒温振荡仪、恒温培养箱、低温高速离心机。

试剂：LB 液体培养基、0.1mol/L CaCl$_2$ 溶液、含 10% 甘油的 0.1mol/L CaCl$_2$ 溶液、10% 甘油的水溶液、冰水。

其他：微量移液器、锥形瓶、离心管。

【实验步骤】

1. 菌种的活化

从 -70℃ 的冰箱中取出感受态细胞 DH5α，在 LB 培养基的固体平板上进行划线分离，并在 37℃ 培养 12h。

2. 菌种的前培养

从 LB 平板上挑取相应的单菌落，接种于 10mL LB 液体培养基中，37℃、220r/min 振荡培养过夜至对数生长中后期。

3. 菌种的准备

将菌悬液以 1：100 的比例分别接种于不含抗生素的 100mL LB 液体培养基锥形瓶中，37℃ 振荡培养约 2.5h 至 OD$_{600}$=0.4~0.5。

4. 感受态细胞的制备

（1）把上述的锥形瓶放到冰水快速使其冷却。把 100mL 培养液均匀分成两份到 50mL 离心管中，在 4℃、3000r/min 离心 10min。

（2）弃去上清液，加入 30mL 0.1mol/L 的 CaCl$_2$ 溶液，轻轻混匀，在冰上静置 30min。

（3）弃去上清液，加入 30mL 0.1mol/L 的 CaCl$_2$ 溶液，用巴氏管轻轻吹吸让沉淀充分混匀，在冰上静置 30min。

（4）从冰上取出 4℃、3000r/min 离心 10min，弃去上清液并用移液器轻轻地把多余的液体吸干净，加入 0.5mL 含 10% 甘油的 0.1mol/L CaCl$_2$ 溶液。用巴氏管轻轻吸起液体打到壁上，使沉淀混匀并放置在冰上。

（5）在冰上摆放好 0.5mL 离心管，用移液枪进行分装。每个离心管中分装 40μL 悬浮液。

（6）迅速盖好盖子，放到标记有感受态细胞种类、制作者和时间的盒中，-70℃ 保存。

【注意事项】

（1）培养 2h 后，每隔 5min 测定一次 OD 值，防止 OD 值过大。

（2）实验全程需在无菌条件下进行。

（3）整个操作均需在冰上进行，不能离开冰浴。

（4）使细胞重新悬浮时，动作不得过大。

【实验分析与思考】

（1）感受态细胞制备过程中的影响因素有哪些？

（2）采用 $CaCl_2$ 法制备大肠杆菌感受态细胞时，对菌株的生长状态有何要求？

（3）制备感受态细胞过程中，一般在什么条件下进行，为什么？

实验 1-6 电转化法大肠杆菌感受态细胞的制备

【实验目的】

（1）了解电转化法制备大肠杆菌感受态细胞的原理。

（2）掌握电转化法制备大肠杆菌感受态细胞的操作过程。

【实验原理】

电击转化法不需要预先诱导细菌的感受态，通过瞬间的高压电流，在细胞上形成孔洞，使外源 DNA 进入胞内，从而实现细胞的转化。电击转化的效率往往比化学法高 1~2 个数量级，达到 1×10^8 转化子/1μgDNA，甚至 1×10^9 转化子/1μgDNA，所以常用于文库构建时的转化或遗传筛选，且因操作简便，越来被人们所接受。

【实验试剂与器材】

材料：DH5α 感受态细胞。

仪器：制冰机、恒温振荡仪、恒温培养箱、低温高速离心机。

试剂：LB 液体培养基、10%甘油的水溶液、双蒸水。

其他：微量移液器、锥形瓶、离心管。

【实验步骤】

1. 菌种的活化

从-70℃的冰箱中取出感受态细胞 DH5α，在 LB 培养基的固体平板上进行划线分离，并在 37℃培养 12h。

2. 菌种的前培养

从 LB 平板上挑取相应的单菌落，接种于 10mL LB 液体培养基中，37℃，220r/min 振荡培养过夜至对数生长中后期。

3. 菌种的准备

将菌悬液以 1∶100 的比例分别接种于不含有抗生素的 100mL LB

液体培养基锥形瓶中，37℃振荡培养约 2.5h 至 $OD_{600}=0.4\sim0.5$。

4. 感受态细胞的制备

以下步骤需在超净工作台和冰上操作：

（1）把上述的锥形瓶放到冰上快速使其冷却。把 100mL 培养液均匀分成两份到 50mL 离心管中，在 4℃、3000r/min 下离心 10min。

（2）弃去上清液，加入 30mL 双蒸水，用巴氏管吸起液体打到离心管壁上使沉淀充分混匀，在 4℃、3000r/min 离心 10min，倒去上清液，重复两次。

（3）再加入 30mL 含 10%甘油水溶液，在 4℃、3000r/min 离心 10min，重复一次。

（4）弃去上清液，加入 0.5mL GYT 溶液（含有 10% Glysin、0.125% Yeast Extraction、0.25% Trypton）放置在冰上。

（5）准备好盛有液氮的塑料盒子并把 0.5mL 离心管放到离心管架子上，将悬浮的感受态细胞分装在离心管中，每管 40μL。迅速盖好盖子放入液氮中，使之迅速冷冻，然后放在标有感受态细胞种类和制作时间的盒中，-70℃保存。

【注意事项】

（1）培养 2h 后每隔 5min 测定一次 OD 值，防止 OD 值过大。

（2）实验全过程需在无菌条件下进行。

（3）整个操作均需在冰上进行，不能离开冰浴。

（4）使细胞重新悬浮时动作不应过大。

【实验分析与思考】

（1）感受态细胞制备过程中的影响因素有哪些？

（2）采用电击法制备大肠杆菌感受态细胞时，对菌株的生长状态有何要求？

（3）制备感受态细胞过程中，一般在什么条件下进行，为什么？

实验 1-7　　重组质粒的诱导表达

【实验目的】

（1）了解蛋白质诱导表达的原理。

（2）掌握蛋白质诱导表达的操作过程。

【实验原理】

大肠杆菌系统由于遗传学、生物化学、分子生物学等方面已被充分了解而成为表达异源蛋白质的首选表达系统。其遗传图谱明确，容易培养且费用低，生产成本低廉。原核生物大多数的基因按功能相关性成簇的排列，且聚集在染色体上，共同形成一个转录单位——操纵子，也称基因表达的协同单位。大肠杆菌的乳糖操纵子含有 Z、Y 及 A 三个结构基因，分别编码 β-半乳糖苷酶、通透酶和乙酰基转移酶；此外还有调控基因：操纵序列 O、启动序列 P；而 lacI（编码 lac 阻遏物）不属于乳糖操纵子。

大肠杆菌 BL21 菌株是整合在细菌基因组上的一种携带 T7 RNA 聚合酶基因和 lac I 基因的 λ 噬菌体，lac I 产生的阻遏蛋白与 lac 操纵基因 O 结合，阻碍 RNA 聚合酶与 P 序列结合，从而不能进行外源基因的转录和表达。此时宿主细菌正常生长。IPTG 为乳糖的结构类似物，不能被细胞利用，特异结合阻遏蛋白；阻遏蛋白不能与操纵基因结合，使阻遏蛋白构象发生改变，导致阻遏物从操纵基因 O 上解离下来，RNA 聚合酶不再受阻碍，启动子 P 开始发生转录；启动反应开始发生转录，外源基因大量转录并高效表达。

【实验试剂与器材】

材料：含外源表达质粒的大肠杆菌 BL21 菌株。

仪器：高速离心机、紫外可见分光光度计、超净工作台、恒温振荡箱、制冰机。

试剂：LB 培养基、抗生素、IPTG 诱导剂、PBS 缓冲液。

其他：微量移液器、吸头、锥形瓶、离心管。

【实验步骤】

1. 扩大培养

向 15mL 已灭菌的离心管中倒入 10mL 的 LB 液体培养基，用 10μL 的移液器枪头挑取单菌落至含有抗生素的 10mL LB 培养基中。将离心管放在摇床中 37℃、220r/min 过夜培养，一般为 12h 左右。次日离心管中的培养液变浑浊。

2. 诱导表达

将已灭菌的装有 200mL LB 培养液的锥形瓶中加入 200μL 的抗生素（100mg/mL）。从过夜活化的菌液中吸取 10mL 加入锥形瓶中（1∶20），摇床振荡培养 2~3h，待 1.5h 时测 600nm 处 OD 值为 0.6~0.8 时停止振荡。加入与瓶内剩余培养液等体积的 1mol/L IPTG 诱导剂，16℃、220r/min 摇床振荡培养 8h。低温可以抑制细胞生长速率，有利于蛋白质充分折叠。

3. 离心收集细菌

将培养液倒入已灭菌的 50mL 离心管中，4000r/min 离心 5min 后弃掉上清液；加入 PBS 缓冲液吹悬，4000r/min 离心 5min 后弃掉上清液；重复两次。收集菌体于 1mL 的离心管中，存于 -80℃ 冰箱里。

【注意事项】

（1）OD 值为 0.4~0.5 左右时，每隔 5min 测定一次 OD 值。

（2）实验全过程需在无菌条件下进行。

（3）诱导表达时，温度应尽量调低，防止包涵体的产生。

【实验分析与思考】

（1）大肠杆菌的诱导表达受哪些因素的影响？

（2）为什么要在 OD 值为 0.6~0.8 时加入 IPTG？

（3）实验为何选择大肠杆菌作为表达系统？

实验 1-8　重组蛋白的纯化

【实验目的】

（1）了解亲和层析的实验原理。

（2）掌握亲和层析分离纯化蛋白质的技术与操作方法。

【实验原理】

以普通凝胶作为载体，连接金属离子制成螯合吸附剂，用于分离纯化重组蛋白。这种方法称为蛋白质的亲和层析。目的基因连接在表达载体后，通过加入诱导剂 IPTG 诱导目的基因表达，表达载体除具有蛋白表达所需要的启动子外，在终止子前有 6 个 His 编码序列。这种可溶性蛋白质能用金属亲和层析法进行分离，且操作简单，快速，纯化效率高。

亲和层析以蛋白质或生物大分子和结合在介质上的配基间的特异亲和力为基础。本实验以蛋白质对金属离子具有亲和力为理论依据，已知蛋白质中的组氨酸和半胱氨酸残基在接近中性水溶液中能与镍或铜离子形成稳定的络合物，因此，连接上镍或铜离子的凝胶，可以选择性地吸附含有咪唑基和巯基的蛋白质。

【实验试剂与器材】

样品：诱导表达后的菌体、Ni-NTA 蛋白纯化柱。

仪器：超声细胞破碎仪，紫外分光光度计。

试剂：裂解缓冲液（50mmol/L Hepes，0.5mmol/L NaCl，5mmol/L $MgCl_2$，1mmol/L PMSF，10% 甘油，20mmol/L 咪唑，4mmol/L β-巯基乙醇，1mg/mL 溶菌酶，pH = 7.4），洗脱缓冲液（500mmol/L 咪唑），考马斯亮蓝 G-250。

其他：Ni-NTA 蛋白纯化柱、微量移液器、吸头。

【实验步骤】

（1）把层析柱固定在铁架台上，柱下端出口封闭。加入少量去离子水，排除下端的气泡。取出 20% 乙醇浸泡的螯合凝胶于烧杯中；加入少量去离子水制成糊状，沿着紧贴柱内壁的玻璃棒把糊状凝胶倒入柱内；打开下端排水口，让亲和凝胶剂随水流自然下沉。

（2）将 1L 诱导表达后的菌体重新悬浮于 20mL 的裂解缓冲液中，冰上孵育 20min；然后进行超声破碎，使蛋白质充分释放；最后 4℃、12000r/min 离心 10min，吸出上清液，收集蛋白质。

（3）将上清液加入预先使用裂解液平衡好的 Ni-NTA 蛋白纯化柱，4℃下结合 6h；结合完毕后流出合液，用 3 倍柱体积的裂解液漂洗 3 遍，最后用洗脱缓冲液洗脱目的蛋白。

（4）测定蛋白浓度：采用 Brand ford 法测定蛋白浓度。

【注意事项】

（1）在整个操作过程中，水或溶液面都不能低于凝胶柱平面，否则凝胶柱会产生气泡，从而影响层析效果。

（2）样品上柱和洗脱过程，其流速要慢，分离效果才好。

（3）亲和层析剂可回收利用。

【实验分析与思考】

（1）在实验过程中，要达到好的分离效果应注意哪些问题？

（2）实验过程中，镍柱有哪些颜色变化？

实验1-9 蛋白质的定量分析

【实验目的】

（1）了解 BCA 法测定蛋白质含量的基本原理。

（2）学习并掌握 BCA 法测定蛋白质含量的实验方法。

（3）熟悉试剂盒的使用方法。

【实验原理】

蛋白质的定量分析是生命学科领域常涉及的分析内容。在实验中对样品中的蛋白质进行准确可靠的定量分析，是经常进行的一项非常重要的工作。蛋白质是一种十分重要的生物大分子，种类很多，结构不均一，分子质量又相差很大，功能各异。这样就给建立一个理想而又通用的蛋白质定量分析的方法带来了许多具体的困难。

蛋白质定量分析根据化学性质可分为：凯氏定氮法、双缩脲法、Folin-酚试剂法（Lowry 法）、BCA 法、胶体金法。其中 BCA（Bicinchoninic Acid）蛋白定量法是目前广泛使用的蛋白定量方法之一，可对蛋白质进行快速、稳定、灵敏的浓度测定。BCA 法具有灵敏度高的特定，测定蛋白浓度不受绝大部分样品中的去污剂等化学物质的影响，可以兼容样品中高达 5% 的 SDS，5% 的 Triton X-100，5% 的 Tween 20，60，80；在 $20\sim2000\mu g/mL$ 浓度范围内有良好的线性关系；检测不同蛋白质分子的变异系数远小于考马斯亮蓝法蛋白定量。受螯合剂和略高浓度的还原剂的影响，EDTA 小于 10mmol/L，DTT 小于 1mmol/L，巯基乙醇低于 1mmol/L。其工作原理是，在碱性环境下，蛋白质分子中的肽链结构能与 Cu^{2+} 络合生成络合物，同时将 Cu^{2+} 还原成 Cu^+。BCA 试剂可敏感特异地与 Cu^+ 结合，形成稳定的有色的复合物。在 562nm 处有高的光吸收值，颜色的深浅与蛋白质的浓度成正比，可根据吸收值的大小来测定蛋白质的含量。用已知浓度的蛋白作为标准品制作标准曲线，根据标准曲线计算未知蛋白浓度。

【实验试剂与器材】

样品：待测蛋白溶液。

仪器：分光光度计。

试剂：BCA 蛋白质定量试剂盒，标准蛋白质溶液（称取 40mg 牛血清白蛋白，溶于蒸馏水中并定容至 100mL，制成 400μg/mL 的溶液）。

其他：微量移液器、吸头、96 孔板。

【实验步骤】

（1）绘制标准曲线：根据下表，采用逐级稀释法配制牛血清蛋白标准溶液并绘制标准曲线。

管号	稀释液用量/μL	BAS 标准品用量/μL	BAS 标准品最终浓度/μg·mL^{-1}
1	0	100	2000
2	200	200	1000
3	200	200（从 2 管中取出）	500
4	200	200（从 3 管中取出）	250
5	200	200（从 4 管中取出）	125
6	400	100（从 5 管中取出）	25
7	200	0	0（空白）

（2）稀释样品溶液：

样品 1：取 20μL 蛋白样品加入 180μL 稀释液。

样品 2：取 10μL 蛋白样品加入 190μL 稀释液。

（3）配制 BCA 工作液：取试剂 A 20mL，加入试剂 B 0.4mL，混匀（注意新配制的 BCA 工作液室温密封条件下可稳定保存 24h）。

（4）向步骤 1 和步骤 2 的试管中各加入 2mL BCA 工作液，充分混匀，37℃水浴中孵育 30min。

（5）将各试管冷却至室温。

（6）以第 7 管为对照，用分光光度计测定 562nm 处各 BSA 标准品溶液的吸光度，同时做好记录。以牛血清白蛋白含量为横坐标，以吸光度为纵坐标，绘制标准曲线。

注意：BCA 法测定蛋白浓度时，吸光度会随着时间的延长不断加深。因此，所有样品的测定需在 10min 内完成，否则会影响蛋白定量的准确度。

（7）测量样品溶液在 562nm 处吸光度，依据标准曲线，计算样品中的蛋白浓度（注意数据处理时，需要去除明显错误的值，未知样品浓度可以从标准曲线中查得，实际浓度需要乘以样品的稀释倍数。如果是计算机绘制的曲线，可以从计算机给出的线性方程式计算出未知样品的浓度）。

【注意事项】

绘制标准曲线时应舍去有明显错误的数值。

【实验分析与思考】

（1）记录分光光度计测定结果，绘制标准曲线，计算样品中蛋白质的含量。

（2）BCA 法与其他方法相比有什么优势？

实验 1-10 SDS-PAGE 电泳实验

【实验目的】

（1）掌握 SDS-PAGE 电泳的实验操作方法。

（2）能够熟练使用电泳仪。

【实验原理】

SDS 即十二烷基磺酸钠，是一种去污剂，能破坏蛋白质的氢键、疏水键，使分子去折叠，破坏蛋白质的二、三级结构；并结合到蛋白质上，形成蛋白质-SDS 复合物。由于十二烷基磺酸根带负电荷，使蛋白质-SDS 复合物都带上相同密度、数量很大的负电荷，因而掩盖了不同种类蛋白质间原有的电荷差别。SDS-PAGE 电泳又称为聚丙烯酰胺凝胶电泳，是以聚丙烯酰胺凝胶作为支持介质的一种常用的电泳技术。本实验所采用的变性条件下一维凝胶电泳，是指在 0.1% SDS 存在的条件下，当蛋白质通过聚丙烯酰胺凝胶介质向正极移动时，其分辨率或泳动率完全取决于蛋白质分子的大小，与蛋白质自身所带电荷数量无关。SDS-PAGE 的另一个特点是蛋白质样品在加到凝胶样品孔之前，先在含 SDS 的样品缓冲液中煮沸至蛋白质完全溶解；样品缓冲液中还含有还原剂 2-巯基乙醇或二硫基苏糖醇，它们能还原二硫键，使蛋白质以亚单位的形式存在。因此，在用 SDS-PAGE 测定具有四级结构的蛋白质相对分子质量时，得到的将是蛋白质的每一个亚基的相对分子质量，而不是整个同源或异源聚合体的相对分子质量。

【实验试剂与器材】

样品：待检测菌体。

仪器：电泳仪、垂直电泳槽。

试剂：考马斯亮蓝 G-250、上样缓冲液、PBS、过硫酸铵、30%

丙烯酰胺溶液、Tris-SDS-PAGE 溶液、TEMED、异丙醇、去离子水、脱色液、蛋白标准分子量 Marker。

其他：制胶板、微量移液器、吸头。

【实验步骤】

（1）制胶、封口和灌腔：按下表中比例配制浓缩胶和分离胶。

	10%的分离胶/mL	浓缩胶/mL
水	5.9	3.35
30%丙烯酰胺	5.0	1.0
1.5M Trice（pH=8.8）	3.8	0.0
1M Trice（pH=6.8）	0.0	1.5
10% SDS	0.15	0.06
10% APS	0.15	0.06
TEMED	0.006	0.006
总体积	15.006	5.976

灌胶时，用移液枪沿着两片玻璃板间的缝隙先加入约 2/3 的分离胶，然后加满蒸馏水，待分离胶凝固后，将蒸馏水倒出，并用滤纸吸干；然后加入浓缩胶，随即插入梳子；待浓缩胶全部凝聚后，将整个凝胶模具放入电泳槽中，倒入缓冲液，拔去梳子，顶部便形成加样孔。

（2）样品制备：取-80℃中保存的诱导表达后收集的菌体，解冻后加入 25mL 的 PBS 缓冲液，振荡混匀，在冰上超声破碎 30min 至菌液澄清透亮；分别在 3 支 1.5mL 离心管中加入 300μL 菌液，一管作为全细胞裂解液组分，其他两管离心后分别取上清液和沉淀；沉淀样品用 PBS 缓冲液清洗两遍，在三组样品中分别按比例加入上样缓冲液，混匀，沸水浴 5min 后置于冰上。

（3）点样：第一个加样孔加入 0.8μL 的 Marker，之后依次加入 8μL 制备好的样品。

（4）电泳：电压 100~200V，蛋白质是从正极向负极方向泳动。

电泳 2~3h，直至溴酚蓝染料凝胶末端 1cm 处，即停止电泳。

（5）固定和染色：电泳结束后，取出凝胶模具，在水管旁将凝胶剥离，随即将凝胶放入考马斯亮蓝 G-250 溶液中浸泡 2~4h。为使染色均匀，可在水平脱色摇床中进行。

（6）将已染色的凝胶放入脱色液中在摇床上振荡脱色，每隔 1h 更换一次脱色液。

【注意事项】

（1）制胶过程中，当凝胶溶液配制好后，要及时灌胶，不可在烧杯中停留时间过长，以防止凝胶在烧杯中凝聚。

（2）染色和脱色时，摇床转速应适当，避免破坏凝胶。

【实验分析与思考】

（1）观察凝胶电泳结果，并分析条带。

（2）蛋白 Marker 的作用是什么？

实验 1–11　Western blotting 实验

【实验目的】

（1）了解 Western blotting 实验各个步骤的基本原理。

（2）掌握 Western blotting 的操作。

【实验原理】

Western blotting（蛋白质免疫印迹法）是用于蛋白质分析的常规技术，在电场作用下将电泳分离的蛋白从凝胶转移至一种固相支持物，然后利用抗原–抗体的特异性反应，从蛋白混合物中检测出目标蛋白，从而定量或定性地确定正常或实验条件下细胞或组织中目标蛋白的表达情况。Western blotting 还可用于蛋白–蛋白、蛋白–DNA 和蛋白–RNA 相互作用的分析，作为一种廉价、便捷、可靠的研究工具，将与质谱和蛋白质芯片等技术一起，在蛋白质组时代发挥重要作用。

Western blotting 实验要得到一个完美的结果，不仅需要优质的抗体，同时应对整个实验流程和体系进行严格的质量控制，才能最终达到实验目的。影响免疫印迹成败的一个主要因素，是抗原分子中可被抗体识别的表位性质。因为涉及抗原样品的变性，只有那些识别耐变性表位的抗体可以与抗原结合。多数多克隆抗体中或多或少含有这种类型的抗体，所以在免疫印迹中常选用多克隆抗体。第二个影响因素是蛋白原液中抗原的浓度。一些表达量低的蛋白，在免疫印迹前常需要通过免疫沉淀、亚细胞分离等手段富集。Western blotting 将经聚丙烯酰胺凝胶电泳分离的蛋白质样品转移到固相载体（例如硝酸纤维素薄膜）上，固相载体以非共价键形式吸附蛋白质，且能保持电泳分离的多肽类型及其生物活性不变。以固相载体上的蛋白质为抗原，与之对应的第一抗体发生免疫结合反应，一抗在与酶或同位素标记的第二抗体发生免疫结合反应，经过底物显色或放射自显影以检查电泳分离的提取目的蛋白成分。蛋白质印迹技术结合了凝胶电泳分辨力高和固相免疫测定特异性高、敏感等诸多优点，能从复杂混合物中对特定抗原进行鉴别和定量检测。

【实验试剂与器材】

样品：蛋白样品。

仪器：电泳槽、转移电泳槽、电泳仪电转移仪、化学发光成像系统。

试剂：PBS、过硫酸铵、30%丙烯酰胺溶液、Tris-SDS-PAGE 溶液、TEMED、异丙醇、去离子水、脱色液、蛋白标准分子量 Marker、特异性第一抗体、脱脂牛奶、HRP 标记的二抗、ECL 发光显色液。

其他：0.45μm 硝酸纤维素薄膜、Whatman 滤纸、可热封闭的塑料袋、孵育盒。

【实验步骤】

1. Western 印迹夹层的组装

（1）裁切一片 Whatman 滤纸，和凝胶一样大小，用转移缓冲液湿润，置于海绵垫上。

（2）用转移缓冲液湿润凝胶表面后，将凝胶轻放在滤纸上，赶走凝胶和滤纸之间的任何气泡，必要时可将凝胶提起，驱赶气泡。注意：操作时必须戴手套，以防止手上的油迹阻碍转移过程。凝胶和滤纸接触的这一侧面，在安放到转移槽中时，应面对负极。

（3）将一片裁好的做了标记的并和凝胶一样大小的 NC 膜，用转移缓冲液湿润后直接贴在凝胶上面。凝胶和 NC 膜接触的这一面，在安放在转移槽中时，应面对正电极。

（4）将另一片润湿的 Whatman 3MM 滤纸贴在 NC 膜的上面（即靠正电极的一侧），排除气泡。这张滤纸的上面再放上另一海绵垫。

（5）将组装好的凝胶三明治夹层放入塑料夹中，再按正确的方向插入转移中。

2. 电泳转移

（1）转移槽中装满转移缓冲液。连接好转移槽和电泳仪与正、负极之间的导线。

（2）在25V恒压下，电转移1h，使蛋白质从凝胶中转移到NC薄膜上。

3. 转移蛋白质的可逆染色

（1）将电转移完毕的NC膜直接放入丽春红S溶液中染色5min。

（2）在水中脱色2min，用墨水标出蛋白质条带的位置。必要时可照相。然后在水中彻底脱色，振摇10min。

4. 封闭非特异性结合位点

将NC膜放入盛有封闭液的塑料袋内，密封好。一般每2~3张10cm×15cm大小的NC膜，需加5mL封闭液。置振荡器上，室温缓慢振摇密封袋1h。取出后，倒掉封闭液。

5. 第一抗体鉴定印迹蛋白

（1）用封闭液适当稀释一抗。通常，对来自腹水的单克隆抗体稀释大于1∶1000倍；杂交瘤上清液稀释1∶10~1∶1000倍；多克隆抗体稀释1∶1000倍。

（2）将NC膜放入盛有稀释好的一抗溶液的塑料袋内，密封好。每2~3张10cm×15cm大小的NC膜加5mL一抗溶液。置振荡器上，室温缓慢振摇密封袋1h。时间可灵活调节。

6. 洗膜

取出NC膜，放入200mL PBS中，振摇洗涤，共4次，每次15min，均用新鲜的PBS缓冲液。

7. 酶标二抗的显色反应

（1）向NC膜表面加入ECL发光显色液，覆盖NC膜，避光反应3~5min。

（2）打开ECL发光成像系统，曝光拍照，保存图片。

【注意事项】

（1）丙烯酰胺和甲叉双丙烯酰胺有神经毒性，使用时注意不要沾到皮肤上。如有沾染，可用清水洗净。聚合成聚丙烯酰胺时，毒性即消失。

（2）电泳槽只能用水清洗，不可用刷子刷，以免刷断铂电极丝。注意保护玻璃板。

【实验分析与思考】

（1）记录并分析实验结果。

（2）不加封闭液将会产生什么后果？

（3）电极缓冲液中甘氨酸有什么作用？

实验 1-12　酶联免疫吸附实验

【实验目的】

(1) 掌握酶联免疫吸附实验的基本方法及原理。

(2) 了解 ELISA 在生物技术研究中的应用。

【实验原理】

酶联免疫吸附试验，即 ELISA（Enzyme Linked Immunosorbent Assay），是应用最广泛、最常用的免疫标记技术之一。它是把抗原抗体特异性反应和酶催化作用的高效性相结合的一种微量分析技术，灵敏度高，可以达到 ng/mL，甚至 pg/mL 的检测水平，具有特异性强、快速、能够定性和定量的特点。与其他免疫标记技术相比，如放射免疫法、化学发光法、免疫荧光法等，ELISA 还具有环保，设备和检测试剂相对便宜等优点。该技术可用于检测抗原或抗体，其中，抗原主要是指蛋白质、多肽类和其他生物大分子物质。

现有 ELISA 的常用方法是将已知的抗原或抗体吸附在固相载体表面，使抗原抗体反应在固相载体表面进行。目前，通常采用聚苯乙烯材料的 96 孔酶标板作为固相载体。实验过程中，用洗涤的方法将液相中未结合的游离成分去除。其核心试剂是酶标记的抗体或抗原，将酶与抗体或抗原通过交联剂等连接起来。这种酶标记物中的抗体或抗原和酶的生物学性质不变，既保留抗原与抗体结合的特异性，同时亦保留酶催化底物的活性。通过酶催化底物生成的可溶性有色产物的颜色深浅，对待测物进行定性或定量分析。常用的标记酶为辣根过氧化物酶（Horseradish Peroxidase，HRP）和碱性磷酸酶（Alkaline Phosphatase，AP）等。ELISA 根据具体操作方法的不同，一般可分为双抗体夹心法、间接法和竞争法三种类型。

1. 双抗体夹心法

反应体系为"固相抗体+待测抗原+酶标抗体+底物"，用于检测双价或双价以上的大分子抗原。过程为抗原特异性抗体包被在固相载体表面（96 孔板的小孔）；加待测样品（血清、培养上清液、组织匀浆、分泌物和排泄物等），孵育时抗原与抗体结合，洗去多余的未结合的抗原；再加酶标记的抗体使之与抗原结合，洗去多余的未结合的酶标记抗体。此时，包被抗体、待测抗原和酶标抗体就形成了夹心式复合物。加底物反应，显色，待测抗原量与颜色深浅呈正相关，即酶标仪检测光密度值与待测抗原量成正比。

2. 间接法

反应体系为"固相抗原+待测抗体+酶标二抗+底物"，是用于抗体检测的最常用方法。已知抗原包被于固相载体上；加入待测（抗体）标本，洗去多余的未结合的抗体；然后加入酶标二抗与待测抗体结合，洗去多余的未结合的二抗；加底物，显色，待测抗体量与酶标仪检测的光密度值成正比。

3. 竞争法

反应体系为"固相抗原（抗体）+待测抗体（抗原）+酶标抗体（抗原）+底物"，用于检测抗原或抗体。将抗原（或抗体）包被于固相载体；加入待测抗体（或抗原）标本和酶标抗体（或抗原），它们竞争性地与包被于载体上的抗原（或抗体）结合，洗去多余的未结合的待测抗体（或抗原）和酶标抗体（或抗原）；加底物，显色，待测抗体（或抗原）量与酶标仪检测的光密度值成反比。

目前，已开发出大量不同种类的 ELISA 试剂盒，给该技术的应用提供了便利，成为生命科学研究的基本技术。本实验介绍检测血清瘦素的试剂盒，采用双抗体夹心 ABC-ELISA 法。用抗人瘦素单抗包被于酶标板上，标准品和样品中的瘦素与单抗结合，加入生物素化的抗人瘦素抗体，形成免疫复合物连接在板上；辣根过氧化物酶标记的链霉亲和素（Streptavidin）与生物素结合，加入底物工作液显蓝色；最后加终止液硫酸，在 450nm 处测 OD 值。瘦素浓度与 OD 值成正比，可通过绘制标准曲线求出样品中瘦素浓度。

【实验试剂与器材】

样品：样本血清。

仪器：4℃冰箱、台式离心机、酶标仪。

试剂：血清瘦素试剂盒。

其他：微量移液器、96 孔酶标板、移液器、吸头。

【实验步骤】

（1）取 96 孔酶标板，分别设空白孔、标准孔、待测样品孔。空白孔加样品稀释液 100μL，其余孔分别加标准品或待测样品 100μL，加样时，注意将样品加于酶标板孔底部，轻轻晃动混匀，酶标板加上盖或覆膜，37℃反应 120min。

（2）弃去孔内液体，甩干，不用洗涤。每孔加 100μL 稀释过的检测溶液 A，37℃温育 60min。

（3）弃去孔内液体，甩干，洗板 3 次，每次浸泡 1～2min，350μL/孔甩干（也可在吸水纸上轻拍酶标板，将孔内液体拍干）。

（4）每孔加 100μL 稀释过的检测溶液 B，37℃温育 60min。

（5）弃去孔内液体，甩干，洗板 5 次，每次浸泡 1～2min，350μL/孔甩干。

（6）每孔依次加底物溶液 90μL，37℃避光显色，不超过 30min，其间注意观察标准品孔的颜色变化：标准品的前 3～4 孔有明显的梯度蓝色，后 3～4 孔梯度不明显，立即依底物液的加入顺序每孔加终止液 50μL。加终止溶液后，蓝色立即转为黄色。

（7）加终止液后 15min 内测定，用酶标仪在 450nm 波长测量各孔的光密度值。

（8）以标准物的浓度为横坐标（对数坐标），光密度值为纵坐标绘制标准曲线，根据样品的光密度值由标准曲线查出相应的浓度；或用标准物的浓度与光密度值计算出标准曲线的直线回归方程式，将样品的 OD 值代入方程式，计算出样品浓度。如有稀释，所得数值还需乘以稀释倍数。

【注意事项】

（1）实验过程中分清各种试剂，做好标记，避免混淆。

（2）洗涤过程十分重要，洗涤不充分易造成假阳性。

（3）一次加样或加试剂的时间应尽可能短。

【实验分析与思考】

（1）酶联免疫吸附主要有几种类型，各有什么特点？

（2）绘制标准曲线并计算回归方程，计算样品浓度。

第二章 细胞工程与制药技术

实验 2-1 植物细胞培养基的制备

【实验目的】

（1）了解和掌握植物细胞培养的基本方法和要点。

（2）了解植物细胞培养的培养基主要成分，掌握培养基母液中各部分的配制方法。

（3）学习用母液法配制 MS 培养基的方法。

【实验原理】

植物细胞培养是在分离获得分散或单个细胞的基础上进行的培养。外植体经诱导产生愈伤组织后，经培养获得疏松的愈伤组织，分散后可进行细胞培养。培养时，要求有合适的光、温度、水、气和热等环境条件和植物生长所必需的各种营养成分。植物细胞培养基成分有 5 大类：无机营养物、碳源、维生素、有机物和生长调节物质。无机营养物主要由大量营养元素和微量元素两部分组成，均为植物生长所必需的矿质营养。

【实验试剂与器材】

仪器：电子天平、电炉、冰箱、高压灭菌锅、超净工作台、pH 计。

试剂：NH_4NO_3、$CaCl_2 \cdot 2H_2O$、KNO_3、$MgSO_4 \cdot 7H_2O$、KH_2PO_4、$MnSO_4 \cdot H_2O$、H_3BO_3、$ZnSO_4 \cdot 7H_2O$、$CuSO_4 \cdot 5H_2O$、$CoCl_2 \cdot 6H_2O$、$Na_2MO_4 \cdot 2H_2O$、KI、$FeSO_4 \cdot 7H_2O$、Na_2EDTA、2，4-D、6-BA、HCl、NaOH、烟酸、盐酸吡哆醇、甘氨酸、盐酸硫胺素、蔗糖。

其他：烧杯、容量瓶、玻璃棒、药勺、称量纸、标签纸、记号笔、试剂瓶、量筒、移液器、滴管、耐高温专用封口膜、棉线、绳子、酒精灯、培养瓶或培养皿。

【实验步骤】

1. 大量营养元素母液的配制（MSI，20×）

按照 MS 培养基的配方将大量元素配制成 20 倍的母液。配制时，先用量筒量取去离子水 700mL，放入 1000mL 的烧杯中，依次分别称取：33.00g NH_4NO_3、80g $CaCl_2 \cdot 2H_2O$、38.00g KNO_3、7.40g $MgSO_4 \cdot 7H_2O$、3.40g KH_2PO_4 按顺序先后加入；待第一种化合物完全溶解后，再加入第二种化合物；当最后一种化合物完全溶解后，将溶液倒入 1000mL 的容量瓶中，用去离子水定容至 1000mL。将 MSI 和溶液装入试剂瓶中，贴上标签，注明母液名称、扩大倍数、配制日期、配制人姓名，备用。

2. 微量营养元素母液的配制（MSⅡ，200×）

将烟草细胞培养基配方中微量元素的无机盐用量分别扩大 200 倍。用电子天平分别依次称取 4.46g $MnSO_4 \cdot H_2O$、1.24g H_3BO_3、1.72g $ZnSO_4 \cdot 7H_2O$、5.0mg $CuSO_4 \cdot 5H_2O$、5.0mg $CoCl_2 \cdot 6H_2O$、50.0mg $Na_2MO_4 \cdot 2H_2O$、166.0mg KI，并用去离子水逐个溶解；待全部溶解后，用容量瓶定容至 1000mL，装入 1000mL 的试剂瓶中，贴上标签，注明母液名称、扩大倍数、配制日期、配制人姓名，备用。

3. 铁盐母液的配制（MS-Fe，200×）

用电子天平称 5.56g $FeSO4 \cdot 7H_2O$ 和 7.46g Na_2EDTA，分别倒入盛有 400mL 去离子水的烧杯中，微加热并不断搅拌使之完全溶解。将两种溶液倒入同一个 1000mL 容量瓶中，混合均匀后，用去离子水定容至 1000mL，装入棕色试剂瓶中，贴上标签，注明母液名称、扩大倍数、配制日期、配制人姓名。在室温放置一段时间令其充分反应后，再置于 4℃冰箱保存备用。

4. 有机附加物母液的配制（200×）

用电子天平依次称取 0.10g 烟酸、0.10g 盐酸吡哆醇、0.40g 甘氨、20.00g 肌醇、0.20g 盐酸砷胺素，在烧杯中用去离子水依次溶解，用容量瓶定容至 1000mL，装入试剂瓶。贴上标签，注明母液名称、扩大倍数、配制日期、配制人姓名，保存备用。

5. 植物生长物质母液的配制

（1）2，4-D 母液（1mg/mL）：准确称量 100mg 2，4-D，先用 1~3mL 90%乙醇完全溶解后，加去离子水定容；也可以加入少量碱（如 1mol/L 氢氧化钾、氢氧化钠）溶液，使之中和成为钠盐或钾盐，在水中溶解，再加水定容至 100mL，即成浓度为 1mg/mL 的母液。配制好的溶液置于试剂瓶中，贴上标签，注明试剂名称。配制日期、浓度、配制人姓名，置于 4℃冰箱保存备用。

（2）6-BA 母液（1mg/mL）：准确称取 100mg 6-BA，应先用少量 0.5mol/L 或 1mol/L 的盐酸或氢氧化钠溶液溶解，然后加去离子水定容至 100mL，即成浓度为 1mg/mL 的母液。配制好的溶液置于试剂瓶中，贴上标签，注明试剂名称、配制日期、浓度、配制人姓名，置于 4℃冰箱保存备用。

6. 用母液配制培养基

（1）计算出所配培养基需要的各种母液的量：即计算出所需的 MSⅠ，MSⅡ，MS-Fe 及有机母液的需要量，取用量＝需配培养基的体积÷母液的扩大倍数。

（2）将所需的各种储存母液按顺序放好，准备好去离子水、各种洁净器皿（烧杯、量筒、玻璃棒、可调移液器、枪头）。培养基的成分比较复杂，为避免配制时忙乱而将一些成分漏掉，可以准备一份配制培养基的成分单，将培养基的全部成分和用量填写清楚。配制时，按表列内容顺序，按项按量称取，以免出现差错。

（3）按需取各种母液（大量元素、微量元素、铁盐、有机母液、生长调节物质、蔗糖），按以下配方配制培养基 A、B、C 各 250mL：

　　　　培养基 A：MS+0.2mg/L 2，4-D+3%蔗糖。
　　　　培养基 B：MS+0.2mg/L 2，4-D+3%蔗糖+1%琼脂。
　　　　培养基 C：MS+2.0mg/L 6-BA+3%蔗糖+1%琼脂。

用 pH 计，以 1mol/L HCl 或 NaOH 将 A、B、C 液的 pH 值调至 5.8~6.0。

（4）将配制的液体培养基装入 500mL 三角瓶中，用耐高温高压的瓶膜封好；需配制成固体培养基的，称取并加入琼脂，再封口，贴上标签，准备灭菌。

（5）培养基配制完毕后，应立即灭菌。培养基通常应在高压蒸汽灭菌锅内，在蒸汽温度 121℃条件下，灭菌 20min。待锅内温度自行下降，压力降至 0 时，打开排气阀。开盖，取出灭菌物品，置超净工作台中。待培养基冷却至 40~50℃后进行分装。液体培养基分装到灭菌的 250mL 锥形瓶内，每瓶约分装 50mL。固体培养基倒入无菌培养皿中，每皿 20mL 左右，用封口膜封边。封装过程注意无菌操作。另外，灭菌前可以准备 5~6 个 100~250mL 三角瓶，洗净晾干后，用耐高温高压的瓶膜封好。准备好干净的 EP 管，装入烧杯，用牛皮纸封口。将需要用到的镊子等不锈钢器具用牛皮纸包裹。将包裹好的用具置于高压蒸汽灭菌锅，与培养基一起灭菌待用。经灭菌的培养基在室温放置 2~3 天后，观察有无杂菌污染。

【注意事项】

（1）在配制大量元素母液时，尽量把 Ca^{2+}、SO_4^{2-}、PO_4^{3-} 等离子错开分别溶解，同时稀释度大一些，避免生产难溶性盐类。

（2）各种母液或单独配制的试剂，均应放入冰箱中保存，以免变质、长霉。

（3）蔗糖、琼脂等，可按配方中要求，在配制培养基时随称随用。

（4）经过灭菌的培养基应置于 10℃下保存。特别是含有生长调节物质的培养基，在 4~5℃低温下保存要更好些。含吲哚乙酸或赤霉素的培养基，要在配制后的一周内使用完；其他培养基最多也不应超过一个月。在多数情况下，应在灭菌后两周内用完。

【实验分析与思考】

叙述并分析配制培养基过程要点和应注意的问题。

实验 2-2　植物愈伤组织的培养

【实验目的】

（1）掌握植物组织培养的一般方法。

（2）掌握外植体灭菌的基本方法及无菌操作技术。

【实验原理】

愈伤组织是指原植物体的局部受到创伤刺激后，在伤口表面新生的组织。它由活的薄壁细胞组成，可起源于植物体任何器官内各种组织的活细胞。在组织培养中，则指外植体的增生细胞产生的一团不规则、疏松的薄壁细胞。

植物组织培养是指在无菌条件下，对离体植物组织（器官或细胞）分离并在培养基中培养，使其能够继续生长，甚至分化发育成完整植株的一门实验技术。组织培养的理论依据是植物细胞的全能性，即植物体的每个细胞携带着一套完整的基因组，具有发育成完整植株的潜在能力。植物组织当中原本已经分化的细胞，一旦脱离原有的机体环境成为离体状态，在适宜的营养和外界条件下，就会表现出全能性，从已经分化定型的细胞，脱分化，成为恢复分裂能力的细胞，并能重新生长发育成完整的植株。

【实验试剂与器材】

样品：植物茎段。

仪器：高压灭菌锅、水浴锅、超净工作台。

试剂：75%酒精、HCl、NaOH、大量元素母液、微量元素母液、有机物母液、铁盐母液、无菌水、$HgCl_2$、乙醇、蔗糖、琼脂、6-BA、NAA。

其他：解剖刀、三角烧瓶、烧杯、量筒、培养皿、分析天平、长镊子、剪刀、橡皮筋。

【实验步骤】

1. 制备培养基

（1）向烧杯中顺序加入培养基母液：大量元素 25mL、微量元素 2.5mL、铁盐 2.5mL、维生素、肌醇和甘氨酸各 2.5mL、BA 和 NAA 各 2.0mL。

（2）加入实际配制培养基体积 2/3~3/4 的蒸馏水，加入 10g 蔗糖和 3.5g 琼脂；将烧杯置于电炉上，搅拌加热使琼脂完全溶化；然后用蒸馏水准确稀释至 500mL，继续加热几分钟，使之混合后分装于 10 个 100mL 三角瓶中，以封口膜封口。分装好的培养基置于高压蒸汽灭菌锅中灭菌，灭菌条件为温度 121℃，灭菌时间 20min 左右。灭菌后的培养基置于无菌室保存备用。

2. 工作环境灭菌

接种前 1h，打开超净工作台和棚面的紫外灯照射 40min。杀菌结束后，先关掉棚面的紫外灯，再打开风机，最后关掉超净工作台上的紫外灯。在接种休息时，要先打开台面的紫外灯，再关风机，最后打开棚面紫外灯。不能将风机与台面上的紫外灯同时关闭或关闭风机再打开紫外灯。

3. 接种

（1）植物材料用 75%酒精消毒 30s，0.1%$HgCl_2$ 溶液消毒 7min，然后用无菌水冲洗 3~5 次，剪成约 2cm 长带有侧芽的茎段放入培养基中。每瓶接 5~10 块，共接 10 瓶。

（2）左手拿三角瓶，解开封口膜，将三角瓶几乎水平拿着，靠着酒精灯焰，将瓶口外部在酒精灯火焰上烧数秒，使瓶口的水气散发掉。用右手拇指、食指、中指拿着消毒过的镊子夹一块外植体送入瓶内轻轻地插在培养基上，镊子灼烧后放回磨口瓶，再把封口膜在酒精灯火焰上烧数秒；灼烧时应旋转，避免烧坏。盖好封口膜，扎紧皮筋。如此将外植体全部接完。

（3）将接好的锥形瓶放到培养室内，皮筋扎好，再用记号笔注明接种日期，按顺序排好。培养室温度控制在 25~28℃，每日光照时间 10~12h，定期观察是否出现污染。

【注意事项】

（1）配制培养基时，钥匙、称量纸不能混用，防止污染；试剂使用前，须检查是否有絮状沉淀或长菌。

（2）严格按照操作步骤使用灭菌锅。

（3）使用超净工作台时，操作人员的头部不得伸入台内。

【实验分析与思考】

（1）分析影响愈伤组织诱导的主要因素。

（2）剪切植物材料时，为何要强调含有形成层的部分，其他部分能否诱导出愈伤组织?

实验 2-3　植物原生质体的制备

【实验目的】

通过本实验学习植物细胞原生质体的制备方法及注意事项。

【实验原理】

"原生质体"是 1880 年由德国植物学家汉斯坦（Hanstein）命名的，是指被包在植物细胞壁内的生活物质。1892 年，克莱若克（Klercker）把质壁分离的植物细胞通过机械法从中游离出原生质体，但由于数量少而难以利用。直到 1960 年，英国植物生理学家考克（Cocking）第一次用酶法大量分离得到原生质体后，人们才可以利用原生质体进行各方面的基础研究和应用研究。

在基础研究方面，利用原生质体作为材料，可以用于研究细胞壁的再生及各种细胞器在细胞壁再生中的利用，研究质膜在能量转换、物质转运以及信息传递等方面的作用。原生质体培养可用于外源基因转换、体细胞杂交、无性系变异及突变体筛选等的研究。此外，植物原生质体作为一个良好的实验系统而被用于植物细胞骨架、细胞壁的形成与功能、细胞的分化与脱分化的理论问题的研究。原生质体培养和植株再生，为细胞工程的实用化提供了可能。用细胞壁降解酶降解植物细胞壁，可获得原生质体。常用的细胞壁降解酶有纤维素酶、半纤维素酶、果胶酶、蜗牛酶等。

【实验试剂与器材】

材料：可取自植物叶片、愈伤组织、细胞悬浮培养物、根、子叶、胚轴等。本实验采用 7~8 周龄的烟草叶片或用菠菜、油菜叶片代替。

仪器：真空泵、离心机。

试剂：70%~75% 酒精、0.4%~0.5% NaClO、无菌水、蔗糖、山

梨醇、$MgCl_2$、$CaCl_2$、Tris、甘露醇、MS 培养基、4% 纤维素酶、0.4% 离析酶。

其他：眼科镊子、培养皿、过滤器及超滤膜（孔径大小为 $0.45\mu m$）、封口膜、尼龙网，孔径为 $60 \sim 70\mu m$、解剖刀、小烧杯。

【实验步骤】

（1）由种植在温室的 $7 \sim 8$ 周龄的烟草植株上截取充分展开的叶片。

（2）先在 70%~75% 酒精中漂洗，再以 0.4%~0.5% NaClO 溶液消毒 $10 \sim 15min$。

（3）消毒后的叶片用无菌水冲洗 $3 \sim 5$ 次，再用眼科镊子撕去下表皮。

（4）用解剖刀将撕去下表皮的叶片切成约 $1cm^2$ 小片。

（5）将剥去了下表皮的叶段置于一薄层 600mmol/L 甘露醇-CPW 液中，注意须使叶片无表皮的一面与溶液接触。

（6）30min 后，用经过滤灭菌的酶液代替 600mmol/L 甘露醇-CPW 液，抽真空 $3 \sim 5min$，使酶液充分进入植物叶肉内，用封口膜封严，在 $24 \sim 26℃$ 条件下黑暗保温 $3 \sim 4h$。

（7）用灭菌吸管轻轻吹打叶段，以释放出原生质体。

（8）用网孔为 $60 \sim 70\mu m$ 的尼龙网过滤，保留滤液，去掉未消化的组织碎片。

（9）将滤液放入离心管内，1000r/min 离心 3min，去掉破掉的原生质体。

（10）弃去上清液，将沉淀用 CPW 液悬起。

（11）加入密度梯度离心液，4000r/min 离心 5min。

（12）在顶部把绿色的原生质体收集起来，转入另一离心管。

（13）在离心管中加入 MS 培养基悬起原生质体，1000r/min 离心 3min，留上清液；重复三次。

（14）最后一次 CPW 液清洗后，加入足量的培养基，使原生质体密度达 $(0.5 \sim 1.0) \times 10^5$ 个/mL。

【注意事项】

（1）选取幼嫩、细胞分裂旺盛的材料。

（2）酶解处理的酶液：材料＝10：1。

（3）酶解条件为 26℃±1℃，黑暗，静置或在水平脱色摇床中进行。

【实验分析与思考】

（1）在显微镜下观察原生质体的形态，并用红细胞计数板计数，换算分离的原生质体浓度。

（2）原生质体融合的方法有哪些？

实验 2-4　植物原生质体的分离与融合

【实验目的】

掌握原生质体的融合与培养方法。

【实验原理】

在外界因素的作用下，两个或两个以上的细胞合并成一个多核细胞的过程，称为细胞融合。动物细胞不具有细胞壁，可以直接融合。植物细胞与微生物细胞外有坚硬的细胞壁，不能直接融合，需去掉细胞壁获得原生质体。在适当的外界条件下，不同来源的原生质体可产生融合作用，并可再生细胞壁，恢复成完整细胞。因此，细胞融合的实质是原生质体融合。诱导原生质体融合的方法有三大类：化学法、物理法和病毒法。

（1）化学法利用化学试剂作诱导剂处理原生质体使其融合，化学融合又分为 PEG 法（聚乙二醇）；高 [Ca^{2+}] 和高 pH 值诱导；高 [Ca^{2+}]、高 pH 值及 PEG 结合诱导法；离子诱导融合法中常用盐中的 $NaNO_3$、K_2CO_3、$Ca(NO_3)_2$、$CaCl_2$、$NaCl$ 盐中的阳离子，中和原生质体表面负电荷，促进原生质体聚集，对原生质体无损害，但融合率低；琼脂糖融合法。

（2）物理方法又分为

1）电融合法：在短时间强电场（高压脉冲电场，场强为 kV/cm 量级，脉冲宽度为 μs 量级）作用下，细胞膜能够发生可逆性电击穿，瞬间地失去其高电阻和低通透性，然后在数分钟内恢复原状。当这种可逆电击穿发生在两个相邻细胞的接触区时，即可诱导它们的膜相互融合，从而导致细胞融合。

2）磁-电融合法：利用磁场力使得已表面磁化的细胞相互聚集接触，然后施加高压电脉冲诱导已相互接触的细胞融合。

3）超声-电融合法：利用声场力使细胞相互聚集接触，然后施加电脉冲诱导细胞融合。

4）电-机械融合法：电脉冲可使细胞膜存在一种长时间融合状态。

（3）病毒融合法常用的病毒有仙台病毒、新城鸡瘟病毒、流感病毒及疱疹病毒。病毒或其组分在细胞间起粘连作用使细胞聚集成团，致使不同细胞的膜蛋白及膜脂质分子重新排布而结合成一个整体，从而完成细胞融合过程。

本实验采用 PEG 法促进原生质体融合。这是一项培养大批体细胞杂种植株的卓有成效的技术，也是应用最早的化学融合方法。PEG 具有强烈吸水性及凝集和沉淀蛋白质作用，对植物及微生物原生质体和动物细胞的融合均有促进作用。当不同种属的细胞混合液中存在 PEG 时，即产生细胞凝集作用；在稀释和除去 PEG 过程中，即产生融合现象。

【实验试剂与器材】

材料：分离获得的烟草叶片原生质体，已获得的两种不同来源的原生质体。

仪器：离心机、真空泵、普通显微镜或倒置显微镜、眼科镊子。

试剂：70%~75% 酒精、0.4%~0.5% NaClO、无菌水、研磨缓冲液：20mmol/L 蔗糖+10mmol/L $MgCl_2$+20mmol/L Tris-HCl（pH 值为 7.8）、600mmol/L 甘露醇-清洗培养基（CPW 液）、MS 培养基、酶液：4% 纤维素酶+0.4% 离析酶+600mmol/L 甘露醇-清洗培养基（CPW 液）、密度梯度离心液、PEG 促融液（灭菌）：0.33mol/L PEG 1540+0.1mol/L 葡萄糖+10.5mmol/L $CaCl_2 \cdot 2H_2O$+0.7mmol/L $KH_2PO_4 \cdot H_2O$（pH 值 5.5）。

其他：培养皿、过滤器及超滤膜（孔径大小为 0.45μm）、封口膜、吸头、移液器、尼龙网（孔径为 60~70μm）、解剖刀、小烧杯。

【实验步骤】

1. 实验用培养基及器具的灭菌

用自来水冲洗培养皿 2~3 次；用少量去离子水荡洗 1~2 次，控干水分。洗净的培养皿烘干后每5套（或根据需要而定）叠在一起，用牢固的纸卷成一筒，或装入特制的不锈钢桶中，然后进行灭菌。洗净、烘干后的吸管，在吸口的一头塞入少许脱脂棉花，以防在使用时造成污染。塞入的棉花量要适宜，多余的棉花可用酒精灯火焰烧掉。每支吸管用一条宽4~5cm的纸条，以30°~50°的角度螺旋形卷起来，吸管的尖端在头部，另一端用剩余的纸条打成结，以防散开，标上容量；若干支吸管包扎成一束进行灭菌。使用时，从吸管中间拧断纸条，抽出吸管。试管和三角瓶都需要做合适的棉塞。棉塞可起过滤作用，避免空气中的微生物进入容器。制作棉塞时，棉花紧贴玻璃壁，没有皱纹和缝隙，松紧适宜。过紧易挤破管口和不易塞入，过松易掉落和污染。棉塞的长度不小于管口直径的2倍，约2/3塞进管口。若干支试管用绳扎在一起，在棉花部分外包裹油纸或牛皮纸，再用绳扎紧。

2. 分离原生质体

（1）酶解：将撕去表皮的植物叶片和果肉置于酶液（pH值5.4~5.8），去表皮面接触酶液，在适宜温度条件下，避光酶解数小时。

（2）过滤：用尼龙网过滤除去未完全消化的叶片等残渣。

（3）原生质体收集：在1000r/min条件下离心5min，弃上清液。红辣椒800r/min离心5min。

（4）洗涤：弃上清液，留沉淀约1mL，加入4mL 13% CPW洗液，相同条件下再离心，弃上清液。弃上清液后，留沉淀约1mL，混匀悬浮备用。

（5）纯化：蔗糖漂浮法去除碎片。

1）用细口吸管吸20%蔗糖溶液约3mL，小心插入盛有原生质体悬液的离心管底部，缓缓将蔗糖溶液挤出。由于密度不同，蔗糖溶液与原生质体悬液中间有一明显界面。或者换一洁净离心管加入20%蔗糖溶液约3mL，然后小心将原生质体悬液平铺于离心管表面。

2）离心5min（1000r/min），此时死细胞及碎片降至蔗糖溶液内，聚集在离心管底部；而活细胞由于有大量泡沫，故漂浮在上下界面处。

3）用细管吸取漂浮在上下界面处的健康原生质体转入干净的离

心管中。加入 3~4mL 13%CPW 洗液，离心 5 分钟（1000r/min），收集沉淀，最终原生质体体积控制在 0.5mL 左右。

3. 原生质体融合

（1）将制备好的两种来源的原生质体以 1:1 的比例混合，用吸管将混合好的原生质体滴在直径 6cm 的培养皿中，每滴为 0.1mL；每培养皿中滴 7~8 滴，静置 15min，使原生质体贴在培养皿底。

（2）用吸管吸取 PEG 促融液，等体积地滴加到每滴原生质体上，诱导原生质体融合。在 15℃ 条件下，作用 10~15min，然后用显微镜观察。

【注意事项】

（1）取幼嫩、细胞分裂旺盛的材料。

（2）酶解处理的酶液：材料=10:1。

（3）酶解条件为 26℃±1℃，黑暗，静置或 50r/min 摇床。

（4）原生质体融合温度越高，融合时间越短。

【实验分析与思考】

在显微镜下观察原生质体的粘连情况。

实验 2-5 动物细胞原代培养

【实验目的】

（1）了解原代细胞培养的基本方法及操作过程。

（2）学习细胞消化、营养液的配制及酸碱度的调节。

（3）掌握无菌操作方法。

【实验原理】

从动物体中取出某种组织或细胞，将其分散成单个细胞，让它在适宜条件下生存、生长、繁殖。这一过程称为细胞培养。细胞培养可分为原代培养和传代（继代）培养。在无菌条件下，从动物体内取出所需的组织或器官，进行消化，待其分散成单个的细胞，在人工的培养下使其不断生长和繁殖。人们通常把第一代至第十代以内的培养细胞统称为原代细胞培养，此时的细胞保持原有细胞的基本性质，可借以观察细胞的生长、繁殖、分化以及衰老等过程。

【实验试剂与器材】

材料：实验用 6 周龄小鼠。

仪器：超净工作台、二氧化碳培养箱、倒置显微镜。

试剂：含有 5% 小牛血清的 DMEM 培养液、PBS、0.25% 胰蛋白酶、0.02% EDTA 混合消化液、75% 乙醇。

其他：细胞培养皿、细胞培养瓶、吸管、细胞专用离心管（灭菌后备用）、酒精灯、烧杯、移液器。

【实验步骤】

（1）采用颈椎脱臼法将实验小鼠处死，然后把整个小鼠浸入盛有 75% 乙醇的烧杯中 2~3min 进行消毒，在无菌室内取出后放在大平皿中送入超净台。在超净工作台内，用消过毒的剪刀剪开用乙醇消毒后的小鼠腹部皮肤，剖腹取出肾脏并置于无菌平皿中。

（2）用灭菌的PBS缓冲液将取出的肾脏清洗三次，然后用眼科手术剪刀仔细将组织反复剪碎，直到剪成1~3mm的小块；再用PBS缓冲液清洗，洗到组织块发白为止；然后使用移液器转移至15mL无菌离心管中，静置数分钟，使组织块自然沉淀到管底，弃去上清液。

（3）消化、接种培养：吸取0.25%胰蛋白酶和0.02%EDTA混合消化液1mL，加入离心管中，与组织块混匀后，盖上管口塞子；在37℃水浴中消化8~10min，每隔数分钟摇动一下试管，使组织与消化液充分接触；静止，吸去上清液，向离心管中先加入5~10mL PBS缓冲液漂洗两次，再加入含5%小牛血清的DMEM培养基，用吸管吹打混匀，并使用血球计数板对细胞进行计数，稀释至$2~3\times10^5$个/mL后转移入2个细胞培养瓶中，置于37℃的CO_2培养箱中培养。

【注意事项】

（1）严格无菌操作，防止细菌、霉菌、支原体污染，避免化学物质污染。

（2）离心管进入超净台前做好管口、管壁的消毒，使用酒精消毒后才能放入超净台。

【实验分析与思考】

（1）简述细胞原代培养的操作程序及注意事项。

（2）细胞培养获得成功的关键要素是什么？

实验 2-6　动物细胞传代培养

【实验目的】

（1）掌握消化法细胞传代培养的原理。

（2）学习细胞传代培养操作。

【实验原理】

动物细胞原代培养成功以后，需要进行分离培养，否则随着培养时间的延长和细胞不断分裂，一方面，细胞之间相互接触而发生接触性抑制，生长速度减慢甚至停止；另一方面，也会因营养物不足和代谢物积累而不利于生长或发生中毒。因此，将培养瓶内的细胞以 1：2 或其他比例转移到另一个或几个容器中进行扩大培养，以获取大量细胞。这一过程常称为传代或传代培养。

【实验试剂与器材】

样品：HEK293 细胞。

仪器：倒置显微镜、培养箱、电动移液器、水浴锅、超净工作台、二氧化碳培养箱。

试剂：0.25% 胰蛋白酶消化液，含 10% 小牛血清的 1640 培养液、PBS。

其他：5mL 玻璃吸管、酒精灯、移液器、培养板。

【实验步骤】

（1）把已经配制好的装有培养液、PBS 液和胰蛋白酶的瓶子放入 37℃ 水浴锅内预热。用 75% 酒精擦拭经过紫外线照射的超净工作台和双手。培养液瓶用酒精棉球擦拭好后方能放入超净台内。

（2）从培养箱内取出培养好的细胞，在超净工作台内小心吸出旧培养液，用 PBS 清洗（冲洗），加入适量消化液（胰蛋白酶液）。

注意消化液的量以盖住细胞最好，最佳消化温度是37℃。可以取出适量细胞显微镜下观察。在倒置显微镜下观察消化细胞，若胞质回缩，细胞之间不再连接成片，表明此时细胞消化适度，加入含有血清的细胞培养液。

（3）用滴管将已消化细胞吹打成细胞悬液，将细胞悬液吸入10mL离心管中。平衡后，将离心管放入台式离心机中，以1000r/min离心6~8min。弃去上清液，加入2mL细胞培养液，用滴管轻轻吹打细胞，制成细胞悬液。

（4）将细胞悬液吸出分装至2~3个培养瓶中，加入适量培养液后旋紧瓶盖。在显微镜下观察细胞，注意密度过小会影响传代细胞的生长。传代细胞的密度应该不低于$5×10^5/mL$，放入二氧化碳培养箱中培养（37℃，5% CO_2）。

【注意事项】

（1）严格按照无菌操作的标准进行实验，点燃酒精灯，操作在火焰附近进行。

（2）吸新旧培养液的吸管、吸头等不能混用。

（3）不能用手触碰已消毒器皿的工作部分。

【实验分析与思考】

（1）若细胞消化不足或过消化时应该如何操作，才能尽可能保证细胞的数目？

（2）若发现细胞有污染时，为了以后的培养实验顺利进行，应该做哪些工作？

实验 2-7 动物细胞的冻存与复苏

【实验目的】

（1）掌握低温液氮冻存的原理，学习细胞缓慢冻存实验方法。

（2）掌握细胞快速复苏的原理，学习冻存细胞快速复苏的实验方法。

【实验原理】

在低于-70℃的超低温条件下，机体细胞内部的生化反应极其缓慢，甚至终止。如果将细胞悬浮在纯水中，随着温度的降低，细胞内外的水分都会结冰，所形成的冰晶会造成细胞膜和细胞器的破坏而引起细胞死亡。这称为细胞内冰晶的损伤。如果将细胞悬浮在溶液中，随着温度的降低，细胞外部的水分会首先结冰，从而使得未结冰的溶液中电解质浓度升高。细胞暴露在这样高溶质的溶液中且时间过长，则细胞膜上脂质分子会受到损坏，细胞便发生渗漏。在复温时，大量水分会因此进入细胞内，造成细胞死亡。这种因保存溶液中溶质浓度升高而导致的细胞损伤，称为溶质损伤或称溶液损伤。但是，如果在溶液中加入冷冻保护剂，则可保护细胞免受溶质损伤和冰晶损伤。因为冷冻保护剂容易同溶液中的水分子结合，从而降低冰点，减少冰晶的形成，并且通过其摩尔浓度降低未结冰溶液中电解质的浓度，使细胞免受溶质损伤，所以细胞得以在超低温条件下保存。在复苏时，一般以很快的速度升温，1~2min 内即恢复到常温，细胞内外不会重新形成较大的冰晶，也不会暴露在高浓度的电解质溶液中的时间过长，从而无冰晶损伤和溶质损伤产生。因此，冻存的细胞经复苏后仍保持其正常的结构和功能。

【实验试剂与器材】

样品：HEK293 细胞。

仪器：4℃冰箱、-70℃冰箱、水浴锅、离心机、液氮罐、CO_2培养箱。

试剂：1640 培养基、小牛血清、0.25%胰蛋白酶溶液、二甲基亚砜、甘油、0.5%台盼蓝染液、液氮。

其他：微量加样器、冻存管、离心管、镊子、封口膜、细胞冷冻孵育盒。

【实验步骤】

1. 细胞冻存

（1）取待冻存的细胞用胰酶消化，用培养基将细胞冲洗下来，800r/min 离心 5min，弃上清液，收集细胞，制成细胞悬浮液。

（2）向细胞悬液中加入适量冻存液（10%甘油+90%培养基，或者 10%DMSO+90%培养基），适当增大细胞浓度，调整为 3×10^6 个/mL 左右，并适量增加小牛血清浓度至 20%。

（3）在超净工作台内，将细胞悬液装入冻存管中。用封口膜封裹，做好标记（写上细胞种类、时间及冻存条件等），装入细胞冷冻孵育盒。

（4）将装有冻存管的冷冻孵育盒在 4℃下存放 30min 后转放至 -20℃ 1.5~2h，再转移至-70℃ 冰箱 4~12h 后，即可转移到液氮罐内（-196℃）。

2. 细胞复苏

（1）提前打开水浴锅，调整水温为 37℃，从液氮罐中取出细胞冻存管后，迅速放入 37℃恒温水浴中，不时轻轻摇动，使其在 40~60s 内快速解冻。

（2）使用 75%酒精擦拭消毒细胞冻存管，在超净工作台内打开管盖，将细胞悬液吸入培养瓶中，快速加入 3mL 含血清的细胞培养液，摇匀后静置，拧紧瓶盖，在细胞培养箱内培养；2h 后在显微镜下检查贴壁情况，待大部分细胞贴壁后，24h 后更换培养液，置于培养箱中培养。

【注意事项】

（1）实验操作人员在冻存复苏细胞过程中，要有自我保护意识，避免被液氮冻伤。操作时应带好眼镜和手套。

（2）冻存时，应仔细检查细胞冻存管是否密封，以免复苏时因受热发生爆炸伤人。

（3）液氮罐应存放于通风良好处，以便氮气逸出后散开。液氮量应定期检查，挥发至一半时，要及时补充。

（4）细胞冻存悬液一旦融解后，应尽快弃除冷冻保护液，因为二甲基亚砜在常温下对细胞会产生毒性。

【实验分析与思考】

（1）冻存液的作用是什么？

（2）细胞冻存时，为什么要梯度降温，而不是直接放入液氮罐内？细胞复苏时，为什么要快速融化？

第三章 抗体工程与制药技术

实验 3-1 小鼠脾细胞的制备

【实验目的】

（1）学习掌握脾细胞制备的技术原理，并对小鼠脾细胞进行原代培养。

（2）学习掌握染色法鉴别细胞生死状态的原理及方法。

【实验原理】

动物细胞体外培养技术是研究细胞分子机制非常重要的实验手段，被广泛应用于医学、生物技术、基因工程等研究领域。在无菌条件下，把动物细胞从组织中取出，在体外模拟体内的生理环境，使离体的细胞在体外生长和繁殖，并且维持其结构和功能的一种培养技术，称为细胞培养技术。细胞生死状态的鉴别方法主要是化学染色法和荧光染色法。由于活细胞的细胞膜是一种选择性膜，对细胞起保护和屏障作用，只允许物质选择性地通过；而细胞死后，细胞膜受损，其通透性增加。因此，发展出了以台盼蓝、伊红、苯胺黑、赤藓红、甲基蓝以及荧光染料碘化丙啶或溴化乙啶等为染料鉴别细胞生死状态的方法。上述染料能使死亡细胞着色，而活细胞不能被着色，可以用来区别细胞生死状态。

【实验试剂与器材】

材料：6 周龄实验用小鼠。

仪器：离心机、超净工作台、倒置显微镜。

试剂：细胞培养液、台盼蓝、伊红、PBS。

其他：解剖剪、解剖镊、眼科剪、眼科镊、培养皿、纱布、吸管、橡皮头、烧杯、移液枪、注射器、针头、离心管、酒精灯、酒精棉球、试管架、解剖板等。

【实验步骤】

（1）采用颈椎脱臼法处死实验用小鼠，并浸于75%酒精中灭菌3min；取出转入超净工作台内的解剖盘内，无菌操作打开腹腔，取出脾脏，去除周围的脂肪组织；镊起脾脏用PBS自上而下冲洗1~2次，转入无菌玻璃培养皿中，待用。

（2）用滴管先向上述无菌玻璃培养皿中滴入PBS30滴，再用L形针头注射器在皿内吸取PBS 0.2mL，然后将其沿脾脏长轴方向注射入脾内；用针尖在脾脏上扎眼，并用L形针头轻刮脾脏表面挤出脾细胞；用滴管吸出皿中的PBS冲洗脾脏并吹散挂出的脾细胞，稍微倾斜并静置1~2min；吸取上述静置后的脾细胞悬液上清部分放入灭过菌的1.5mL离心管，以3000r/min离心1~2min。

（3）从超净工作台中取塑料培养皿一个，加入细胞培养液2mL，并在培养皿上做记号，待用。取上一步离心后的1.5mL离心管，在超净工作台内打开弃去上清液，用移液器吸取塑料培养皿中的培养液400μL，加入弃去上清液的1.5mL离心管中；用移液器吸头吹匀管底的脾细胞，然后吸取200μL脾细胞悬液接种于上述塑料培养皿中，混匀，放入37℃二氧化碳培养箱中培养。

（4）取100μL上一步剩余的细胞悬液放于干净的试管中，加1~2滴台盼蓝染液，混合，2min后制成临时装片，放在有盖片的血球计数板的斜面上；使悬液自然充满计数板小室（注意：小室内不要有气泡产生，否则要重新滴加），在显微镜下镜检计数。根据染色结果计算活细胞率。

依据死细胞染成蓝色、活细胞不着色的原则，计数死细胞数和细胞总数，按以下公式计算细胞存活率：

$$细胞存活率=(活细胞数/细胞总数)\times100\%$$

【注意事项】

（1）小鼠一定要在酒精中充分浸泡3min，防止杂菌污染无菌操作台。

（2）取小鼠脾脏时，注意保持其完整；注入缓冲液要慢而准且适量，不要撑破脾脏，保证细胞分散游离出来，也不能使游离的细胞中含有块状物质。

（3）培养液 pH 为 7.0~7.4，其中加有酚酞。正常状况细胞生长过程，代谢物使 pH 值下降，培养液的颜色会变黄。因此可通过培养液颜色变化初步判断细胞生长状况。

（4）生长状况良好的细胞膜和核完整，细胞质透明；若细胞质出现较多颗粒状或空泡，说明细胞衰老。

（5）倒置显微镜将物镜与载物台间的空间解放，可以允许连同培养皿一同观察。

【实验分析与思考】

（1）为什么小鼠处死后一定要在酒精中充分浸泡几分钟？

（2）台盼蓝染色的基本原理是什么？

实验 3-2　细胞融合与培养

【实验目的】

（1）学习聚乙二醇诱导细胞融合的原理与技术。

（2）掌握鉴别融合细胞的方法。

（3）掌握动物细胞培养的无菌操作技术。

【实验原理】

细胞融合技术是研究细胞遗传、细胞免疫、单克隆抗体制备的重要手段，主要指用人工方法使两个或两个以上的体细胞融合成异核体细胞；随后，异核体同步进入优势分裂，核膜崩溃，来自两个亲本细胞的基因组合在一起，形成只含有一个细胞核的杂种细胞。常用的细胞融合法是 PEG 诱导融合法，PEG 是乙二醇的多聚化合物，存在一系列不同分子量的多聚体。PEG 可减少细胞间的游离水分，使细胞相互靠近并破坏细胞膜的磷脂双分子层，改变膜的结构，使细胞相互接触处容易融合在一起。融合的频率和活力与所用 PEG 分子质量、浓度、作用时间、细胞的生理状态与密度等有关。

【实验试剂与器材】

样品：小鼠脾细胞、骨髓瘤细胞。

仪器：普通离心机、水浴锅、荧光显微镜、超净工作台。

试剂：Hanks 溶液、50%PEG 溶液。

其他：培养瓶、培养板、培养皿、离心管、注射器。

【实验步骤】

（1）取对数生长期的骨髓瘤细胞，800g 离心 10min；取沉淀细胞用 Hanks 液洗 2 次（每次加入 5mL Hanks，轻轻混匀，800g 离心 10min），然后对细胞进行计数，待用。

（2）将骨髓瘤细胞（$10^{5\sim6}$/mL）与脾细胞（$10^{6\sim7}$/mL）按 1∶10 比例混合在一起，800g 离心 10min 后，弃上清液，用吸管吸净残留液体，以免影响聚乙二醇（PEG）浓度。轻弹离心管底，使细胞沉淀略微松动。

（3）在 90s 内向管中加入 37℃预热的 1mL 45% PEG4000，边加边轻微摇动。37℃水浴 90s，加入 37℃预热的 Hanks 液 8mL，以终止 PEG 作用。

（4）以 800g 离心 10min，弃上清液，加入 1mL Hanks 液，取 0.1mL 已进行融合处理的细胞悬液及对照细胞悬液，分别与等体积次甲基蓝染液混合，染色 5min；制片观察融合现象（有无融合、多核融合、双核融合、同种融合、异种融合）；计数 200 个细胞，计算异细胞融合率（融合细胞核数占细胞核总数的百分率）：

异细胞融合率＝融合细胞核数÷(融合细胞核数＋未融合的细胞核数)×100%

【注意事项】

（1）保持 PEG 温度，否则易凝固。PEG 处理时间不宜过长，否则会造成细胞破坏，或有多个细胞彼此融合形成巨大的合胞体。

（2）经 PEG 处理后加液混匀时，应轻轻吹打，以免刚刚融合的细胞分开。

【实验分析与思考】

（1）细胞融合技术的应用有哪些？
（2）为什么选择 PEG 作为细胞融合的诱导剂？

实验 3-3 杂交瘤细胞筛选

【实验目的】

了解并掌握杂交瘤细胞筛选的技术。

【实验原理】

经融合后细胞将以多种形式出现：融合的脾细胞-瘤细胞、融合的脾细胞-脾细胞、融合的瘤细胞-瘤细胞、未融合的脾细胞、未融合的瘤细胞以及细胞的多聚体形式等。正常的脾细胞在培养基中存活仅 5~7 天，无须特别筛选，细胞的多聚体形式也容易死去。而未融合的瘤细胞则需进行特别的筛选去除，融合所用的瘤细胞是经毒性培养基选出的中间合成途径缺失细胞（例如嘌呤的中间合成途径缺失细胞和嘧啶的中间合成途径缺失细胞），即只有起始合成途径。效应 B 细胞虽不增殖，但有两条 DNA 合成途径，在融合后的杂交瘤细胞中能够发挥作用。氨基蝶呤是叶酸的拮抗剂，可阻碍起始合成途径。HAT 培养基中含有氨基蝶呤时，细胞只有中间合成途径，所以必须供给核苷酸。杂交瘤细胞的起始合成途径被氨基蝶呤阻断，但可通过中间合成途径，利用以培养基中次黄嘌呤和胸腺嘧啶脱氧核苷为原料进行合成；而缺失中间合成途径的瘤细胞，失去增殖能力。从而选择出杂交瘤细胞。

【实验试剂与器材】

样品：小鼠脾细胞、骨髓瘤细胞。
仪器：普通离心机、水浴锅、荧光显微镜、超净工作台。
试剂：Hanks 溶液、50% PEG 溶液、HAT 培养液、HT 培养液。
其他：培养瓶、培养板、培养皿、离心管、注射器。

【实验步骤】

（1）取实验用小鼠颈椎脱臼处死后，用 75% 酒精将小鼠浸泡消

毒，立即放超净台内，用消毒剪刀剪开小鼠腹腔，取出脾脏。用
pH=7.4 的无血清 1640 培养液将脾脏冲洗，立即用镊子将脾脏放在
消毒铜网上，置于玻璃培养皿内；然后倒入少量 1640 培养液，用
5mL 针筒芯子研磨脾脏使成浆状，将此吸入尖底刻度离心管内，于冰
浴中静置 5~10min；待大块脾组织下沉到底部，轻轻吸出上层脾细胞
悬液，移入另一刻度离心管内，悬浮于 30mL 1640 培养液中。轻轻混
匀，吸取少量溶液，进行细胞计数及活力检查，活细胞率不应低于
90%，以 1000r/min 离心 10min 后，弃掉上清液，将底层脾细胞再悬
浮于少量无血清 1640 培养液中。

（2）细胞融合前一天，从同系正常小鼠腹腔取巨噬细胞作为饲
养细胞，加入培养板。96 孔板每孔细胞数为 $2×10^4$ 个；24 孔板，每
孔为 $1×10^5$ 个，置于 37℃培养。

（3）将骨髓瘤细胞和脾细胞按 1：4 的比例放于一个 50mL 离心
管中，充分混匀，离心后尽量吸尽上清液，置于 37℃玻璃杯水浴中。
用 1mL 吸管将 1mL 37℃预热的 50%PEG 溶液，逐滴缓慢加入混合细
胞管中（1min 以内加完），边加边轻轻搅拌。继续搅动 1min，使所
有的细胞尽可能与 PEG 接触。缓慢加入 1mL 预热的无血清 1640 后再
加入 1mL。最后在 2~3min 加完 7mL，并持续轻轻搅动。以 1000r/
min 室温离心 10min 后弃上清液。

（4）取预热的 15%牛血清 1640，先加 10mL，对准细胞团加液，
使细胞颗粒均匀分布于悬液后再加 90mL，制成约 $2×10^6$ 个/mL 的细
胞悬液。加入已含有饲养细胞的 96 孔板或 24 孔板（每孔加入细胞数
分别为 $2×10^5$ 和 $1×10^6$）。

（5）接种 24h 后，加入 HAT 选择培养液；融合后 7~10 天，用
HAT 培养液半量换液（留一半旧的，加一半新的），以后每 2~3 天
半量换液一次。两周后换 HT 培养液（目的是洗出残留于细胞内的氨
基蝶呤），以后每 3~4 天换液一次。维持培养两周后改用一般培养
液，正常存活的细胞即为筛选出的杂交瘤细胞。

【注意事项】

（1）用于免疫的动物，应选择与亲本骨髓瘤细胞同一品系的动

物，因为免疫动物品系和骨髓瘤细胞种系越远，融合的杂交瘤细胞越易发生免疫排斥反应，越不稳定。目前使用的瘤细胞系，仍限于小鼠和大鼠的骨髓瘤细胞系，其中多来源于纯系 BALB/c 小鼠，所以要选择该系小鼠用做免疫动物。一般认为，为了减少盲目性，融合前应测定免疫小鼠的抗体反应性，如果呈阳性，可供融合用。那些对特定抗原不产生血清抗体的小鼠，得不到特异的杂交瘤细胞。一般选择 8~12 周龄、重约 20g，健康无病的纯系小鼠，雌雄均可应用。

（2）融合剂 PEG 对细胞有毒性，一股采用分析纯规格。浓度越高，对细胞的毒性越大。以 40%~50% 的浓度为宜，pH 值以 8.0~8.2 时促融率最高。PEG 对细胞的毒性，还随相对分子质量增大而加大，相对分子质量在 1000~4000 之间，效果较好。不同品牌的 PEG，甚至同一厂家不同批次的产品，其毒性及促融率也不一样，应预先进行试验。

【实验分析与思考】

（1）单克隆抗体和杂交瘤细胞的区别。

（2）如何加快筛选过程？

实验 3-4　单克隆抗体的纯化

【实验目的】

了解并掌握单克隆抗体纯化的原理和操作流程。

【实验原理】

蛋白质在溶液中的溶解度，取决于蛋白质周围亲水基团与水形成水化膜的程度，以及蛋白质分子带有的电荷。如改变这两个因素，蛋白质就容易沉淀析出。引起蛋白质沉淀的主要方法有：

（1）盐析，即加入大量中性盐破坏蛋白质的胶体稳定性而使其析出，沉淀不同蛋白质所需盐浓度及 pH 值不同；

（2）生物碱以及某些酸类，在 pH 值小于等电点时，可以与蛋白质形成不溶的盐使其沉淀；

（3）重金属离子如铅、铜、银等，在 pH 值大于等电点时，可以与蛋白质结合成不溶的盐使其沉淀；

（4）有机溶剂如酒精、甲醇、丙酮等，对水的亲和力很大，能破坏蛋白质水化膜，在等电点时使蛋白质沉淀。

辛酸在偏酸条件下能与血清或腹水中除 IgG 外的其他蛋白质结合并将其沉淀下来，IgG 则溶于上清液中，再用硫酸铵盐析，即可达到纯化 IgG 的目的。辛酸-硫酸铵法也是目前实验室中较常用的纯化单克隆抗体的方法，利用该方法纯化单克隆抗体，回收率和纯度都可达80%以上。

【实验试剂与器材】

样品：小鼠腹水或杂交瘤细胞培养物。

试剂：硫酸铵或饱和硫酸铵溶液、0.06mol/L pH 值 4.8 醋酸盐缓冲液、PBS。

仪器：普通冰箱、低温离心机、电磁搅拌器、紫外分光光度计、天平。

其他：透析袋、塑料夹、精密 pH 试纸、烧杯、量桶、吸管、滴管等。

【实验步骤】

（1）取实验小鼠腹水或杂交瘤细胞培养物在 4℃下以 12000r/min 离心 15min，去除杂质。

（2）取 1 份腹水或杂交瘤细胞培养物与 2 份醋酸盐缓冲液混合，室温搅拌下逐滴加入正辛酸 33μL/mL 腹水，室温混合 30min 后，4℃ 静置 2h 以上，使其充分沉淀，在 4℃下以 12000r/min 离心 30min 后弃沉淀，收集上清液。

（3）将上清液经砂芯漏斗或 125μm 的尼龙网过滤后，加入 1/10 体积的 PBS，用 2mol/L NaOH 调 pH 值至 7.4。

（4）在冰浴上于 30min 内加入 0.277g/mL 的硫酸铵，使溶液成 45%饱和度，在 4℃静置 1h 以上，于 4℃、10000r/min 离心 30min 后，弃上清液。

（5）沉淀用适量含 137mmol/L NaCl、2.6mmol/L KCl、0.2mmol/L EDTA 的 PBS 进行溶解，于 50~100 倍体积的上述 PBS 中 4℃透析过夜。

（6）取少量透析后样品适当稀释后，以紫外分光光度计检测蛋白含量，SDS-PAGE 电泳检测抗体纯度。

【注意事项】

（1）无论是含有单克隆抗体的腹水还是细胞培养上清液，均含有脂蛋白、脂质、细胞碎片等杂质，必须预先去除。通常采用过滤的方法去除脂质和大的颗粒，用离心的方法去除细胞碎片和大的蛋白聚合物；如果材料里含有大量脂质，还必须用二氧化硅粉或玻璃纤维吸附等将其去除。

（2）盐析时，溶液中的蛋白浓度对沉淀有双重影响。蛋白浓度愈高，沉淀所需的盐饱和度极限愈低，但杂蛋白的共沉作用也随之增加。因此，在盐析时，血清和腹水都应做适当稀释：一般血清做倍比稀释,腹水做 2 倍稀释。

(3) 辛酸-硫酸铵法还可以用来纯化血清中的抗体,此时辛酸用量因抗体来源不同而稍有变化,人血清为 70μL/mL,兔血清为 75μL/mL,小鼠血清为 40μL/mL。

(4) 抗体的溶解度与 pH 值和盐浓度有密切关系,选择适当的 pH 值可大大提高对单克隆抗体的沉淀效果。通常,溶液的 pH 值与目标蛋白的等电点相等时,沉淀效果最好。另外,硫酸铵在水中显酸性,为防止对蛋白质的破坏,应将溶液的 pH 值调至中性。

(5) 该法主要用于 IgG1 和 IgG2b 的纯化,对 IgA 和 IgG3 的回收率及纯化效果都较差。蛋白质经硫酸铵沉淀、离心分离后,沉淀中含有硫酸铵,在此状态下冷冻保存,蛋白质比较稳定。若需进一步处理,首先需要除盐,方法上可选择透析、凝胶过滤等。

【实验分析与思考】

(1) 简述单克隆抗体的生产、纯化及其在 ELISA 中的应用。

(2) 简述辛酸-硫酸铵法纯化单克隆抗体的原理。

实验 3-5　多克隆抗体的制备与纯化

【实验目的】

(1) 加深对抗体基本知识的了解。

(2) 了解多克隆抗体的制备及纯化的基本方法。

(3) 了解免疫动物的基本过程和实验依据。

【实验原理】

当将抗原注射入实验动物体内时，一系列抗体生成细胞会不同程度地与抗原结合，受抗原刺激后在血液中产生不同类型的抗体。这种由一种抗原刺激产生的抗体，称为多克隆抗体。多克隆抗体和单克隆抗体相比，具有反应强度更高、制备简单、价格较低的特点。一些单克隆抗体不能进行的反应，如沉淀和凝集反应，可以用多克隆抗体完成。抗原注射到动物皮下组织后会刺激网状内皮细胞系统，淋巴结合脾脏的淋巴细胞会大量增殖。初次免疫后大约 7 天，在血清中可以观察到抗体，但是抗体维持在一个较低的水平，在大约 10 天抗体的滴度会达到最大值。在用同种抗原进行加强免疫时，抗体合成速度比初次免疫时更快，而且抗体会保留更长的时间。从滴度最高时的免疫动物中获取血清，并通过 Protein A 纯化柱进行纯化。Protein A 是金黄色葡萄球菌的一种膜蛋白，具有与抗体特异性结合的能力，Protein A 亲和层析柱已成为应用广泛的纯化抗体的亲和柱，可从腹水，血清和细胞培养上清液或细胞抽提物中，分离和纯化多种哺乳动物不同亚型的抗体或包含抗体 Fc 片段的基因工程重组蛋白。

【实验试剂与器材】

样品：健康雄性家兔两只。

仪器：超低温冰箱、离心机、蛋白纯化仪。

试剂：抗原、乙醇、弗氏不完全佐剂、弗氏完全佐剂、PBS、

TBS、结合液、洗脱液。

其他：特质兔盒、刀片、25G 针头、1mL 注射器、20mL 血液收集管、药铲、离心管、加样器及加样管。

【实验步骤】

（1）两只 8 周大的兔子，饲喂一周使其适应环境。在耳源静脉抽血 1mL，室温静置 30min，2500r/min 离心 10min，取上清液作为空白对照。

（2）将蛋白抗原浓度稀释到 1mg/mL，取 2mL 抗原溶液和 1~1.2 倍体积的完全弗氏佐剂混合乳化，在兔子背部多点皮下注射进行初次免疫。

（3）初次免疫 10~12 天后，进行加强免疫。将蛋白抗原浓度稀释到 1mg/mL，取 2mL 抗原溶液和 1~1.2 倍体积的不完全弗氏佐剂混合乳化，在兔子背部多点皮下注射。加强免疫进行 3~5 次，每次免疫间隔 10~12 天。

（4）从第三次免疫开始，每次免疫前耳源静脉取血，用于 ELISA 测定效价。当效价达到 100000 后，最后一次加强免疫后 1 周，停止动物免疫试验，取血。

（5）将动物免疫完血浆放入 4℃冰箱中静置 1h，2500r/min 离心 10min，取抗血清，将沉淀重新放入 4℃冰箱中静置。重复上面步骤以充分析出抗血清，将抗血清分装后，放入-80℃冰箱保存备用。

（6）提前按照要求将 Protein A 填料装到纯化柱中，检查纯化仪管路的完整性和通畅性，将纯化柱连接到纯化仪上。

（7）用结合液平衡纯化柱 1h 左右，使吸光值曲线趋于水平。流速设定为 0.5mL/min。试验中的所有溶液都要过 0.22μm 的滤膜过滤，并且超声除气泡。

（8）从-80℃冰箱中取出 1mL 抗血清，加入 1mL 结合液稀释混匀后，过 0.22μm 的滤膜，采用泵上样，使抗血清流过纯化柱与 Protein A 结合。

（9）继续用结合液洗涤纯化柱 1h 左右，以去除杂蛋白，使吸光值曲线趋于水平。流速设定为 0.5mL/min。

（10）上样溶液换成洗脱液进行洗脱，观察吸光值曲线直至趋于水平，结束洗脱。流速设定为 0.5mL/min。收集参数设置为 $A_{280} \geqslant$ 0.01 即收集，每管收集 1mL。IgG 收集后要用 1mol/L Tris-HCl（pH=9.0），立即调节 pH 值至 7.0。

（11）纯化柱洗脱完后继续用洗脱液继续冲洗 2~3 个柱体积（0.5mL/min），然后用 0.2mol/L 的醋酸以 5mL/min 的流速冲洗 2min，随后用结合液冲洗柱子 1h 左右，使 pH 值至 7.0（0.5mL/min）。如果柱子已用完，此时用 20%乙醇冲洗 30min，从纯化仪卸下来置于 4℃冰箱密封保存。

【注意事项】

（1）制备多克隆抗体免疫动物的选择原则，为抗原供体和免疫动物种系不可太接近，否则不易产生抗体，甚至不产生抗体。

（2）免疫动物可以选择小型试验动物（如家兔、鸡、小鼠）及大型家畜（如山羊、马、绵羊等）。

【实验分析与思考】

（1）免疫时，为什么第一次用完全佐剂，后面的免疫都用不完全佐剂？

（2）什么是抗原和抗体？解释抗原抗体结合的特点。

第四章　发酵工程与生物技术制药

实验 4-1　微生物基础培养基的配制

【实验目的】

(1) 学习掌握牛肉膏蛋白胨培养基的配制原则与方法。

(2) 了解高压灭菌锅的使用方法和原理。

【实验原理】

培养基是人工按一定比例配制的供微生物生长繁殖和合成代谢所需要的营养物质的混合物。培养基的原材料可分为碳源、氮源、无机盐、生长因子和水等。根据微生物的种类和实验目的不同，培养基要选择适合的配比关系，选择合适的理化性质，配制后需要及时灭菌。牛肉膏蛋白胨培养基是一种应用最广泛和最普通的细菌基础培养基，有时又称为普通培养基。它含有牛肉膏、蛋白胨和 NaCl，其中牛肉膏为微生物提供碳源、能源、磷酸盐和维生素，蛋白胨主要提供氮源和维生素，而 NaCl 作为无机盐进行补充。在配制固体培养基时，还要加入一定量的琼脂作为凝固剂。由于这种培养基多用于培养细菌，因此要用稀酸或稀碱将其 pH 调至中性或微碱性，以利于细菌的生长繁殖。

高压蒸汽灭菌锅主要是通过高温条件下使蛋白质变性从而达到杀死微生物的效果。水的沸点可以随压力的增加而提高，当高压蒸汽灭菌锅中的水煮沸时，因锅是密闭的，蒸汽不能溢出，而使压力增加，水的沸点和温度也随之增加。因此，高压蒸汽灭菌是利用高压蒸汽产生的高温，以及热蒸汽的穿透能力来达到灭菌目的的。一般在 0.1MPa 的压力时，锅内温度可达 121℃，只要维持 15～20min，就可杀死微生物的营养体和它们的各种孢子。

【实验试剂与器材】

仪器：高压蒸汽灭菌锅。

试剂：牛肉膏、蛋白胨、NaCl、琼脂、1mol/L NaOH、1mol/L HCl。

其他：试管、三角烧瓶、烧杯、量筒、玻璃棒、培养基分装器、天平、牛角匙、pH 试纸（pH = 5.5 ~ 9.0）、棉花、牛皮纸（或铝箔）、记号笔、麻绳和纱布等。

【实验步骤】

（1）按照培养基的配方：牛肉膏 3.0g，蛋白胨 10.0g，NaCl 5.0g；依次按比例准确地称取牛肉膏、蛋白胨、NaCl 放入烧杯中（牛肉膏不易称重，可用玻璃棒挑取，放在小烧杯、培养皿或者称量纸上称量；若用称量纸，在称量后将其直接放入烧杯中即可，待后续溶解时，微微加热后可将纸片取出）。

（2）向上述烧杯中先添加少于所需量的水，用玻璃棒搅拌均匀，将烧杯转移到石棉网上加热使其溶解。待药品完全溶解后，补充水到所需的总体积 1000mL。若配制固体培养基，需将称量好的琼脂粉放入已经溶解的药品中，再加热融化。在融化琼脂的过程中，须不断搅拌，以防琼脂糊底，使烧杯破裂。最后补足损失的水分。

（3）在未调 pH 值之前，先用精密 pH 试纸测定培养基的原始 pH 值。如果偏酸，用滴定管向培养基中逐滴加入 1mol/L NaOH，边加边搅拌，并随时用 pH 试纸测定 pH 值至 7.4 ~ 7.6；反之，用 1mol/L HCl 进行调节。

（4）趁热用滤纸或多层纱布过滤，以利于某些实验结果的观察。一般无特殊情况下，这一步骤可以省去。

（5）根据不同需要，可将配好的培养基分装入配有棉塞的试管或三角烧瓶内。注意分装时应避免培养基挂在瓶口或管口上引起杂菌污染。

1）液体分装：分装高度以试管高度的 1/4 左右为宜。分装三角烧瓶的量根据需要而定，一般以不超过三角烧瓶容量的 1/2 为宜；如果是用于振荡培养，则根据通气量的要求酌情减少；有的液体培养基在灭菌后，需要补加一定量的其他无菌成分，如抗生素等，则装量一定要准确。

2) 固体分装：分装试管，其装量不超过管高的 1/3，灭菌后制成斜面。分装三角烧瓶的量，以不超过三角烧瓶容积的 1/2 为宜。

3) 半固体分装：装量一般以试管高度 1/3 为宜，灭菌后垂直待凝。

4) 培养基分装完毕后，在试管口或三角烧瓶口上塞上棉塞，以阻止外界微生物进入培养基内而造成污染。

（6）加塞后，将全部试管用麻绳捆好，再在棉塞外包一层牛皮纸，以防止灭菌时冷凝水润湿棉塞，其外再用一道麻绳扎好。用记号笔注明培养基名称、组别、配制日期。三角烧瓶加塞后，瓶塞外包牛皮纸，用麻绳以活结形式扎好，使用时容易解开，同样用记号笔注明培养基名称、组别、配制日期。

（7）将上述培养基以 0.1MPa、121℃、20min 高压蒸汽灭菌：

1) 加水于灭菌锅内到规定的水平面。

2) 需灭菌的物品（分装在试管、三角烧瓶中的固、液体培养基），棉塞、硅胶泡沫塞等用防潮纸包好（防止锅内水汽把棉塞淋湿），放入灭菌锅内的套筒中。摆放要疏松，不可太挤，否则会阻碍蒸汽流通，影响灭菌效果。

3) 将灭菌锅盖的排气管插入套筒侧壁的凹槽内，关闭灭菌锅盖旋紧螺栓，切勿漏气。

4) 打开放气阀，加热，热蒸汽上升，以排除锅内冷空气；排气 5~10min 后，关闭放气阀。

5) 关闭放气阀后，整个灭菌锅成为密闭状态，而蒸汽又不断增多，这时压力和温度都在上升；直至压力表指针达到所需压力时，开始计时；通过调节热源，维持此压力到所需时间。

6) 灭菌完毕，待压力自然降到 0 时，打开放气阀。注意不能打开过早，否则突然降压致使培养基冲腾，使棉塞、硅胶泡沫塞容易被污染，甚至冲出容器以外。打开灭菌锅盖，取出已灭菌的器皿及培养基。同时，将锅内剩余的水倒掉，以免日久腐蚀。

（8）将灭菌的试管固体培养基冷却至 50℃ 左右（以防斜面上冷

凝水太多），将试管端口搁在玻璃棒或其他合适高度的器具上，搁置的斜面长度以不超过试管总长的 2/3 为宜。

（9）将灭菌培养基放入 37℃的温室中培养 24~48h，以检查灭菌是否彻底。

【注意事项】

（1）称量时注意蛋白胨很易吸湿，在称取时动作要迅速。另外，称量药品时严防药品混杂，一把牛角匙只用于一种药品；或称取一种药品后，洗净、擦干后，再称取另一种药品。药品瓶盖也不要混淆。

（2）固体培养基加热再融化过程中，应控制火力，以免培养基因沸腾而溢出容器；同时，需不断振摇搅拌，以防琼脂糊底烧焦。配制培养基时，不可用铜或铁锅加热融化，以免离子进入培养基，影响细菌生长。

（3）pH 值不要调过度，以避免回调而影响培养基内各离子的浓度。配制 pH 值低的琼脂培养基时，若预先调好 pH 值并在高温蒸汽下灭菌，则琼脂因水解不能凝固。因此应将培养基的其他成分和琼脂分开灭菌后再混合，或在中性 pH 值条件下灭菌，再调节 pH 值。

（4）高压灭菌要注意物品不要过多，加热后排除冷空气，等待压力回零时再取物。

【实验分析与思考】

（1）培养及配制好后，为什么必须立即灭菌？如何检查灭菌后的培养基是否为无菌？

（2）在配制培养基的操作过程中应注意哪些问题，为什么？

实验 4-2　无菌操作及微生物接种技术

【实验目的】

（1）掌握微生物接种的基本方法。

（2）熟练掌握从固体培养物和液体培养物接种微生物的无菌操作技术。

【实验原理】

接种就是将一定量的纯种微生物在无菌操作条件下转移到另一已灭菌的、适宜该菌生长繁殖的培养基上的过程。根据不同的实验目的和培养方式，可以采用不同的接种工具和接种方法。高温对微生物具有致死效应，因此在微生物的接种过程中，一般在火焰旁进行，并用火焰直接灼烧接种环（针、铲），以达到灭菌的目的，但一定要保证其冷却后方可进行接种，以免烫死微生物。

【实验试剂与器材】

样品：大肠杆菌营养琼脂斜面和液体培养物。

仪器：超净工作台。

试剂：无菌水、消毒酒精、肉汤营养琼脂斜面培养基、肉汤营养液体培养基。

其他：接种环，酒精灯或煤气灯，试管架，记号笔，无菌玻璃吸管和吸气器等。

【实验步骤】

（1）用接种环转接菌种：

1）标记：用记号笔分别标记 3 支肉汤营养琼脂斜面为 A（接菌）、B（接无菌水）、C（非无菌操作）和 3 支液体培养物为 D（接菌）、E（接无菌水）、F（不接种）。

2）左手持大肠杆菌斜面培养物和待接种试管，右手持接种环，如图 4-1 所示的方法将接种环进行火焰灼烧灭菌，然后在火焰旁打开斜面培养物的试管帽。

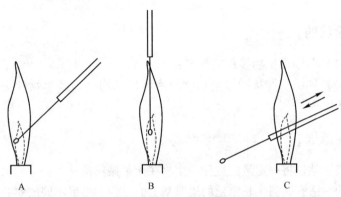

图 4-1　接种环的火焰灭菌步骤（A→C）

3）在火焰旁，将接种环轻轻插入斜面培养物试管的上半部（此时不要接触斜面培养物），至少冷却 5s 后，挑起少数培养物（图 4-2）。

4）将沾有少量菌苔的接种环迅速放进 A 管斜面的底部并从下到上划一直线，然后再从其底部开始向上作蛇形划线接种。完毕后，灼烧两个试管口，盖上管帽，将接种环放在火焰上灼烧后放回原处。如果是向盛有液体培养基的试管和三角烧瓶中转接，则应将挑有菌苔的接种环首先在液体表面的管内壁上轻轻摩擦，使菌体分散从环上脱开，再进入液体培养基中。

5）按上述方法从盛有无菌水的试管中取一环无菌水于 B 管中，同样划线接种。

6）以非无菌操作作为对照：在无酒精灯或煤气灯的条件下，用未经灭菌的接种环从另一盛有无菌水的试管中取一环水，划线接种到 C 管。

（2）用吸管转接菌液：

1）轻轻摇动盛有菌液的试管，暂时放回试管架上。

2）从已灭菌的吸管桶中取出一支吸管，将其插入吸气器下端，然后按照无菌操作要求，将吸管插入已摇匀的菌液中，吸取 0.5mL

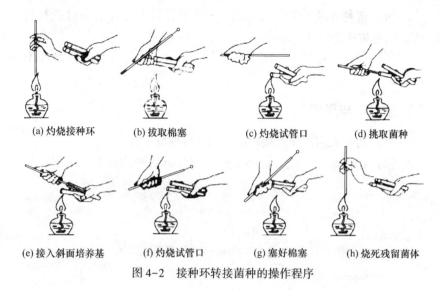

(a) 灼烧接种环　　(b) 拔取棉塞　　(c) 灼烧试管口　　(d) 挑取菌种

(e) 接入斜面培养基　　(f) 灼烧试管口　　(g) 塞好棉塞　　(h) 烧死残留菌体

图 4-2　接种环转接菌种的操作程序

菌液并迅速转移至 D 管中。

3）取下吸气器，将用过的吸管放入废物桶中。桶底必须垫有泡沫塑料等软垫，以防吸管嘴破损。

4）换另一只无菌吸管，按上述方法从盛无菌水的试管中吸取 0.5mL，无菌水转移至 E 管中。

（3）将标有 A、B、C 的 3 支试管置于 37℃静置培养，将标有 D、E、F 的试管置于振荡培养。经过培养后，观察各管生长情况。

【注意事项】

（1）菌种分离或移接工作应在无菌环境中进行，接种室、接种箱或超净工作台是常用的接种环境，用前先清洁好卫生，再进行消毒处理。可利用紫外线灯和甲醛熏蒸的双重作用，或用 3%来苏水及其他表面消毒液进行喷雾。

（2）操作者的手应先用肥皂洗净，再用酒精棉球消毒。

（3）接种工具在用前和用后必须在灯焰上灭菌，棉塞不得乱放，操作中只能夹在手上；不能有跑、跳等力度大的动作，以免引起空气大震动而增加染菌机会。整个操作过程都要靠近酒精灯火焰。

（4）接种环经火焰灼烧之后，一定要保证其冷却后方可进行转接，以免烫死微生物。

（5）在接种过程中，注意试管管帽不能放在桌子上，接种环不要接触试管口。

【实验分析与思考】

（1）何谓无菌操作？接种前应做哪些准备工作？

（2）比较各种来源的样品，哪一种菌落数和菌落类型最多，为什么？

实验4-3　微生物数量的测定

【实验目的】

（1）掌握血球计数板测定微生物数量的原理。

（2）掌握血球计数板的结构，学习并掌握血球计数板计数微生物数量的技术，包括样品的点样、菌数计数的方法与计算。

【实验原理】

显微镜计数是将少量待测样品的悬浮液置于一种特定的具有确定容积的载玻片上（又称计菌器），于显微镜下直接观察、计数的方法。目前国内外常用的计菌器有：血细胞计数板、Peteroff-Hauser 计菌器以及 Hawksley 计菌器等，它们可用于各种微生物单细胞（孢子）悬液的计数，基本原理相同。其中血细胞计数板较厚，不能用油镜，常用于个体相对较大的酵母细胞、霉菌孢子等的计数；而后两种计数器较薄，可用油镜对细菌等较小的细胞进行观察和计数。除了使用上述这些计菌器外，还有用已知颗粒浓度的样品如血液与未知浓度的微生物细胞样品混合后，根据比例推算后者浓度的比例计数法。显微镜计数法的优点是直观、快速、操作简单，缺点则是所测得的结果通常是死菌体和活菌体的总和，且难以对运动性强的活菌进行计数。目前已有一些方法可以克服这些缺点，如结合活菌染色、微室培养以及加细胞分裂抑制剂等方法来达到只计数活菌体的目的，或用染色处理等杀死细胞以计数运动性细菌等。本实验以常用的血细胞计数板为例，对显微计数法的具体操作进行介绍。

血细胞计数板是一块特制的载玻片，其上由 4 条槽构成 3 个平台（图4-3a、b）。中央较宽的平台又被一短槽横隔成两半，每一边的平台上各刻有一个方格网；每个方格网共分成 9 个大方格，中间的大方格即为计数室。计数室的刻度一般有两种规格，一种是一个大方格分为 25 个中方格，而每个中方格又分为 16 个小方格；另一种是一个大

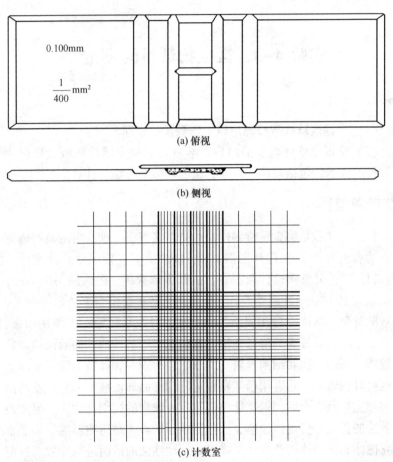

(a) 俯视

(b) 侧视

(c) 计数室

图 4-3 血球计数板构造图

方格分为 16 个中方格，而每个中方格又分为 25 个小方格。但无论是哪一种规格的计数板，每一个大方格中的小方格数都是 400 个。每一个大方格边长为 1mm，则每一个大方格的面积为 $1mm^2$。盖上盖玻片后，盖玻片与载玻片之间的高度为 0.1mm，所以计数室的容积为 $0.1mm^3$。计数时，通常数 5 个中方格的总菌数，然后求得每个中方格的平均值，再乘以 25 或 16，就得出一个大方格中的总菌数，然后再换算成 1mL 菌液中的总菌数。以 25 个中方格的计数板为例，设 5

个中方格中的总菌数为 A，菌液稀释倍数为 B，则：1mL 菌液中的总菌数 $=A÷5×25×10^4×B$。

【实验试剂与器材】

样品：连续培养 12h 的酿酒酵母菌菌液。

仪器：普通光学显微镜。

试剂：生理盐水。

其他：擦镜纸、软布、血细胞计数板、凹载玻片、盖玻片、接种环、酒精灯、试管、吸管、移液枪。

【实验步骤】

（1）按照实验所需倍数稀释菌悬液，本试验将酿酒酵母稀释 10~20 倍，得到的适合计数的菌悬液。

（2）在加样前，应先对血细胞计数板的计数室进行镜检。若有污物，可用自来水冲洗，再用 95% 的乙醇棉球轻轻擦洗，然后用吸水纸吸干或用电吹风吹干。

（3）将清洁干燥的血细胞计数板盖上盖玻片，再用无菌的毛细滴管将摇匀的稀释后酿酒酵母菌悬液由盖玻片边缘滴一小滴，让菌液沿缝隙靠毛细渗透作用自动进入计数室；再用镊子轻压盖玻片，以免因菌液过多将盖玻片顶起而改变了计数室的容积。加样后静置 5min，使细胞或孢子自然沉降。取样时先要摇匀菌液，并且加样时计数室不可有气泡产生。

（4）将加有样品的血细胞计数板置于显微镜载物台上，先用低倍镜找到计数室所在位置，然后换成高倍镜进行计数。若发现菌液太浓或太稀，需重新调节稀释度后再计数。一般样品稀释度要求每小格内有 5~10 个菌体为宜。每个计数室选 5 个中格（可选 4 个角和中央的 1 个中格）中的菌体进行计数。位于格线上的菌体一般只数上方或右边线上的。如遇酵母出芽，芽体大小达到母细胞的一半时，即作为两个菌体计数。计数一个样品要从两个计数室中计得的平均数值来计算样品的含菌量。

（5）使用完毕后，将血细胞计数板及盖玻片按前面介绍的程序进行清洗、干燥，放回盒中，以备下次使用。

【注意事项】

（1）活细胞是透明的，因此在进行显微计数或悬滴法观察时，均应适当减低视野宽度，以增大反差。

（2）进行显微计数时，应先在低倍镜下寻找大方格的位置，找到计数室后将其移至视野中央，再换高倍镜观察和计数。

（3）在使用酒精灯时，须注意不要被火焰灼烧到衣物。

【实验分析与思考】

结合实验体会，总结哪些因素会造成血球计数板的计数误差，应如何避免？

实验 4-4　比浊法测定微生物的生长曲线

【实验目的】

（1）通过细菌数量的测定，了解大肠杆菌的生长特征与规律，绘制生长曲线。

（2）掌握比浊法测定细菌的生长曲线。

【实验原理】

将一定数量的细菌，接种于适宜的液体培养基中，在合适温度下培养；定时取样测数，以生长时间为横坐标，细菌菌数的对数为纵坐标，绘出的曲线称为生长曲线。该曲线表明细菌在一定的环境条件下群体生长与繁殖的规律，一般分为延缓期、对数期、稳定期及衰亡期四个时期。各时期的长短同菌种本身特征、培养基成分和培养条件不同而异。

比浊法是根据细菌悬液细胞数与混浊度成正比、与透光度成反比的关系，利用光电比色计测定细胞悬液的光密度即 OD 值，用于表示该菌在本实验条件下的相对生长量。实验设正常生长、加酸抑制和加富培养等三种处理方式，以了解细菌在不同生长条件下的生长情况。

【实验试剂与器材】

材料：大肠杆菌菌悬液溶液。

仪器：722 型分光光度计、振荡摇床。

试剂：LB 培养基。

其他：无菌试管、三角烧瓶、无菌吸管等。

【实验步骤】

（1）取 11 支无菌试管用记号笔分别标明培养时间 0、0.5、3、

4、6、8、10、12、14、16 和20h，进行标记。

（2）根据培养的方式，将测定的培养物分为两种，即分开培养与统一培养。前者是将待测培养物分管接种与培养，按时从培养管取样测定，这种操作方便，可避免污染；后者则是先将待测菌液培养在同一容器内，再分别按时取出培养物进行测定，好处是可避免在不同试管中细菌生长速度不一而产生误差。

1）分开培养。分别用5mL无菌移液管准确吸取3.0mL大肠杆菌过夜培养液转入盛有75mL LB液的三角烧瓶内，混合均匀后，分别取5mL放入上述标记的11支无菌试管中。将以接种的试管置摇床37℃振荡培养，分别培养0、0.5、3、4、6、8、10、12、14、16和20h，将标有相应时间的培养管取出，立即放入冰箱内贮藏，最后一同比浊测定光密度值。

2）统一培养。用5mL无菌移液管准确吸取5mL大肠杆菌过夜培养液转入盛有95mL LB液的250mL三角烧瓶内，混合均匀后置摇床37℃振荡培养，分别在培养0、0.5、3、4、6、8、10、12、14、16和20h时，严格按无菌操作取样0.5mL放入无菌小试管中。样品立即置冰箱内贮存，最后统一测定。取样后将三角烧瓶马上放回摇床，继续振荡培养，为后续取样用。

（3）以用未接种的LB液体培养基做空白对照，选用600nm波长进行光电比浊测定，从最早取出的培养液开始依次测定，对细胞密度大的培养液用LB液体培养基进行适当稀释后再测定，使其光密度值在0.1~0.65之内。

（4）根据测得的数值，进行生长曲线的绘制。

【注意事项】

（1）比色杯或比色管要洁净。

（2）测定OD值前，将待测定的培养液振荡，使细胞分布要均匀。

（3）采用光电比浊法进行微生物细胞数量测定，须将分光光度计指针调零。

【实验分析与思考】

（1）本实验中的分开培养与统一培养各有什么利弊？为什么要用未接种的 LB 液体培养基做空白对照？

（2）微生物次生代谢产物的大量积累在哪个时期？根据细菌生长繁殖的规律，采用哪些措施可使次生代谢产物累积更多？

实验 4-5　曲霉固体发酵生产纤维素酶及酶解底物反应

【实验目的】

(1) 了解黑曲霉固体发酵产酶情况。

(2) 掌握微生物固体发酵操作技术。

(3) 了解纤维素酶提取方法及酶活性定性测定方法。

【实验原理】

纤维素酶是降解纤维素的一组酶的总称，是起协同作用的多组分酶系，属于诱导酶，其产生需要纤维素类物质的诱导。实验中以米曲霉为发酵菌株，稻草作为产酶诱导物。

【实验试剂与器材】

菌种：黑曲霉。

试剂：土豆、稻草、麸皮、硫酸铵、羧甲基纤维素钠（CMC）。

器材：培养箱、灭菌锅、三角瓶、摇床、离心机、天平、三角瓶。

【实验步骤】

(1) 黑曲霉菌种活化

1) 配制 PDA 培养基：称取 200g 马铃薯，洗净去皮切碎，加水 1000mL 煮沸 0.5h，纱布过滤，再加 20g 葡萄糖和 20g 琼脂，充分溶解后趁热纱布过滤，分装试管，每试管 5~10mL（视试管大小而定），103kPa，121℃蒸气灭菌约 20min 后，取出试管摆斜面，冷却后贮存备用。

2) 在无菌超净台上接种保藏的黑曲霉于 PDA 斜面，28℃培养 5~7 天，斜面上长满孢子。

（2）配制发酵培养基：15g 麸皮＋10g 稻草粉，0.5% KH_2PO_4，0.5%（NH_4）$_2SO_4$，加 15mL 水（加水量 40%~60%），拌匀，装瓶。

（3）灭菌：121℃ 灭菌 30min，冷却至室温。

（4）黑曲霉孢子悬浮液制备：已培养好的黑曲霉孢子斜面一支，加入约 10mL 无菌水，洗下孢子，制成孢子悬液。

（5）接种：用移液管在无菌条件下吸取一定量的悬液，移入灭菌好的固体培养基中，于 30℃ 条件下培养 96h，其间每隔 12h 摇动三角瓶一次。

（6）提取粗酶液：向瓶中加入无菌水约 50mL，浸泡固体曲 30min~1h；过滤得粗酶液。

（7）酶活性测定

1）配制 1%CMC 底物平板

配方：1g 羧甲基纤维素钠，1.8g 琼脂，100mL。琼脂完全溶解后，加入 0.03g 曲利本蓝，倒平板，每皿约 15mL。

2）打孔：打孔器经酒精燃烧灭菌后，每平板打 4 孔，并在酒精灯火焰上稍稍加热打孔处，使孔周围的培养基微融，然后平放冷却。

3）加样：往孔内加入粗酶液适量（约 100μL），同时需设对照。

4）培养（反应）：将加样后的平板小心平端放入 30℃ 培养箱，放置约 20h。

5）观察结果：可直接观察有无透明圈，测定透明圈直径。

【注意事项】

（1）配制 PDA 培养基时，一定要先加水 1000mL 煮沸 0.5h 后再进行纱布过滤。

（2）配制 1%CMC 底物平板时，要确保板的平整，避免气泡的产生。

【实验分析与思考】

纤维素是自然界最丰富的资源，从理论角度分析，如何最大限度地通过酶法利用该资源？而现实存在什么问题？目前对纤维素降解有哪些研究进展？

第五章 综合设计实验

实验 5-1 人血白蛋白在大肠杆菌中的重组表达及制备

本实验以在大肠杆菌中重组表达人血白蛋白（HSA）作为实例，系统介绍基因工程技术在制药中的典型应用。实验内容涉及感受态细胞制备、质粒提取、DNA 酶切、连接、转化、诱导表达、蛋白电泳分析、蛋白分离纯化以及冷冻干燥等系列实验技术，能够为生物技术制药相关专业学生提供系统实践操作和工艺流程学习。

【实验目的】

（1）掌握以大肠杆菌作为宿主菌，利用基因工程技术表达及制备人血白蛋白的技术方法和原理。

（2）掌握重组人血白蛋白的亲和纯化方法以及人血白蛋白在大肠杆菌中的表达量分析测定。

【实验原理】

人血白蛋白（Human Serum Albumin，HSA）是由健康人的血浆经低温乙醇分离提取并经病毒灭活后制成的生物制品，临床上用于出血性、外伤性休克，烧伤，肝硬化伴腹水和水肿，恶性肿瘤、肾病水肿等疾病的治疗，分子量约为 69kDa，成熟的白蛋白由 585 个氨基酸残基组成。由于血浆原料的限制，血浆来源的人血白蛋白并不能满足临床的需求，而通过基因工程法重组制备人血白蛋白，可以缓解人血白蛋白供应紧张的现状。大肠杆菌表达系统是典型的原核表达系统，也是最早研究的且目前应用最为广泛的外源基因表达系统。该系统的优势在于菌株生长繁殖速度快、遗传背景较为清楚、操作过程简单、蛋白的产量高、生产成本低、表达系统稳定性好以及应用范围广等。在表达系统中，最重要的是表达载体。表达载体的元件主要有抗性筛选标记、复制起点、启动子、终止子和表达阅读框等。pET 系列是大肠杆菌表达载体中被应用最为广泛的表达载体，利用外源 RNA 聚合酶所构建而成的 T7 RNA 聚合酶/启动子系统，该外源 RNA 聚合酶与启动子共同使用时，能够高效转录特定基因。此外，pET 表达系统可根据不同的蛋白而使用不同的启动子和宿主菌，具有多种选择性，从而优化目的蛋白的表达。启动子编码的标签如 His-Tag 等具有亲和力的作用，便于后续的蛋白纯化及检测。在缺少诱导蛋白表达所需的诱导剂时，pET 表达系统能有效地对基础的蛋白表达水平进行操控，从而阻止毒性基因的克隆，避免影响宿主菌的生长及繁殖。本实验中重组人血白蛋白在序列 N 端添加 6 个组氨酸标签，表达后的重组蛋白可与 Ni 柱结合，通过漂洗和洗脱，能够获得纯度较高的重组蛋白，再将纯化后的蛋白冻干保存。实验流程如图 5-1 所示。

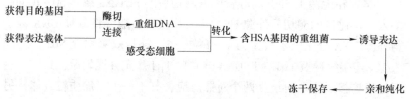

图 5-1 基因工程制药实验流程

【实验试剂与器材】

样品：大肠杆菌 *Escherichia coli* XL1-blue、BL21（DE3）感受态细胞、pET28a 质粒、含有 HSA 基因的 pUC57 质粒。

仪器：水浴锅、紫外分光光度计、摇床、培养箱、超净工作台、台式高速离心机、高压蒸汽灭菌锅、凝胶成像分析系统、蛋白电泳仪、核酸电泳仪、制冰机、分光光度计、超声破碎仪。

试剂：核酸内切酶、T4 DNA 连接酶、DNA Marker、蛋白分子量 Marker、质粒提取试剂盒、DNA 凝胶回收试剂盒、Ni Sepharose™ 6 Fast Flow 蛋白纯化介质、无水氯化钙等。

其他：离心管、锥形瓶、烧杯、量筒、移液器和移液器吸头。

【实验步骤】

1. 重组人血白蛋白表达菌株的构建

（1）取 2 支清洁干燥并经灭菌的 1.5mL 离心管，分别用微量移液器加入 5~10μL pET28a 质粒和含有 HSA 基因的 pUC57 质粒，再加入 *Eco*RI 和 *Hind*Ⅲ 限制性内切酶的 10×缓冲液 2μL，再加入重蒸水使总体积为 18μL，将管内溶液混匀后加入 *Eco*RI 和 *Hind*Ⅲ 各 1μL，用手指轻弹管壁使溶液混匀；也可用微量离心机甩一下，使溶液集中在管底。

（2）混匀反应体系后，将 1.5mL 离心管置于适当的支持物上，如插在泡沫塑料板上，37℃水浴保温 1~3h，使酶切反应完全。

（3）向管内加入 2μL 0.1mol/L EDTA（pH=8.0），混匀以停止反应；然后进行琼脂糖凝胶电泳，并使用试剂盒对相应条带进行切胶回收。回收后置于冰箱中保存备用。

（4）在无菌 1.5mL 离心管中取酶切后的 pET28a 载体 50~100ng，加入一定比例的酶切后外源 HSA 基因片段。一般线性载体 DNA 分子与外源 DNA 分子摩尔数比为 1:1~1:5，补足双蒸水至 8μL，再加入 10×连接缓冲液 1μL，T_4 DNA 连接酶 1μL。充分混匀后，12℃下进行过夜连接反应。再设立两个对照反应，其中一个只加质粒载体，另一个只加外源 DNA 片段。

（5）将连接完成的反应体系采用化学转化法转至 XL1-blue 感受态细胞中，待细菌复苏后，涂布在含有抗生素的平板中进行筛选，37℃连续培养 14~16h。

（6）从平板中挑取生长出的阳性克隆进行培养，并提取质粒，并转化至表达菌株 BL21 感受态细胞中，含有阳性克隆的平板保存备用。

2. 重组人血白蛋白的诱导表达

（1）向 15mL 已灭菌的离心管中倒入 10mL 的 LB 液体培养基，用 10μL 的移液器吸头挑取人血白蛋白单菌落，放至含有抗生素的 10mL LB 培养基中。将离心管放在摇床中，37℃、220r/min 过夜培养，一般为 12h 左右。次日离心管中的培养液变浑浊。

（2）将已灭菌的装有 200mL LB 培养液的锥形瓶中加入 200μL 的抗生素（100mg/mL）。从过夜活化的菌液中吸取 10mL 加入锥形瓶中（1：20），摇床振荡培养 2~3h，待 1.5h 时测 600nm 处 OD 值为 0.6~0.8 时停止振荡。加入与瓶内剩余培养液等体积的 1mol/L IPTG 诱导剂，16℃、220r/min 摇床振荡培养 8h。低温可以抑制细胞生长速率，有利于蛋白质充分折叠。

（3）将培养液倒入已灭菌的 50mL 的离心管中，4000r/min 离心 5min 后，弃掉上清液；加入 PBS 缓冲液吹悬，4000r/min 离心 5min 后，弃掉上清液。重复两次。收集菌体于 1mL 的离心管中，存于-80℃冰箱里。

3. 重组人血白蛋白的纯化和浓度测定

（1）Ni 柱亲和纯化蛋白

1）把层析柱固定在铁架台上，柱下端出口封闭。加入少量去离子水，排去下端的气泡。取出 20%乙醇浸泡的螯合凝胶于烧杯中，加入少量去离子水制成糊状，沿着紧贴柱内壁的玻璃棒把糊状凝胶倒入柱内，打开下端排水口，让亲和凝胶剂随水流自然下沉。

2）取 1L 诱导表达后的菌体重新悬浮于 20mL 的裂解缓冲液中，冰上孵育 20min；然后进行超声破碎，使蛋白质充分释放；最后 4℃、12000r/min 离心 10min，吸出上清液，收集蛋白质。

3）将上清液加入预先使用裂解液平衡好的 Ni-NTA 蛋白纯化柱，4℃下结合 6h；结合完毕后，流出合液，用 3 倍柱体积的裂解液漂洗 3 遍；最后用洗脱缓冲液洗脱目的蛋白，并进行 SDS-PAGE 电泳分析；将收集纯化后的重组人血白蛋白溶液进行脱盐。

（2）Lowry 法测定重组蛋白浓度

1）将牛血清白蛋白配制成 0.2mg/mL 的溶液作为标准品；

2）量取标准品溶液 0mL、0.2mL、0.4mL、0.6mL、0.8mL、1.0mL，分别置于具塞试管中，加水至 1.0mL；

3）准确量取适量脱盐后的重组人血白蛋白样品，加水补至 1.0mL；

4）分别加入碱性铜试剂 1.0mL，各加入福林酚试剂 4.0mL，混匀后置于 55℃水浴中准确反应 5min，置冷水浴 10min；

5）0 号管作为空白，在 650nm 的波长处测定吸光度。以标准品浓度与其相对应的吸光度计算线性回归方程。利用线性回归方程计算重组人血白蛋白样品的浓度，并乘以稀释倍数。

4. 重组人血白蛋白的冻干

（1）将亲和纯化后的重组人血白蛋白先在-80℃冰箱中冻存，待样品完全冷冻后，再进行冷冻干燥。

（2）提前打开真空冷冻干燥机进行预冷，待预冷结束后，将预先冻存的样品置于冻干机干燥盘中，盖好冻干机盖。

（3）按下"真空泵"开关，开始进行真空干燥。

（4）待冻干结束后，取出冻干样品，贴好标签，置于4℃保存。

【注意事项】

（1）限制性核酸内切酶的酶切反应属于微量操作技术，无论是DNA样品还是酶的用量都很少，必须严格注意吸样量的准确性，并确保样品和酶全部加入反应体系。

（2）限制性内切酶要在低温下储存，防止酶活性降低。

（3）IPTG见光易分解，注意避光保存。

（4）诱导表达时，温度应尽量调低，防止包涵体产生。

（5）蛋白纯化过程中应保持低温0~4℃进行，有利于蛋白活性的保持。

（6）超声处理时间过短，菌体未充分裂解；超声时间过长，会导致蛋白炭化。

【实验分析与思考】

（1）实验为何选择大肠杆菌作为表达系统？

（2）大肠杆菌的诱导表达受哪些因素的影响？

（3）影响限制性内切酶活性的因素有哪些？

（4）T_4DNA 连接酶的最适反应温度为37℃，为什么实验采用12~14℃？

（5）亲和纯化的原理是什么？目前常用的亲和纯化标签有哪些，原理是什么？

（6）Lowry法测定蛋白质浓度的原理是什么？

实验 5-2　白细胞介素-2 在毕赤酵母中的重组表达及制备

本实验以在毕赤酵母中重组表达白细胞介素-2（IL-2）作为实例，系统介绍基因工程技术在制药中的典型应用。实验内容涉及酵母感受态细胞制备、质粒提取、DNA 酶切、连接、转化、酵母诱导表达、ELISA 测定蛋白浓度、蛋白电泳分析、蛋白分离纯化以及冷冻干燥等系列实验技术，能够为生物技术制药相关专业学生提供系统实践操作和工艺流程学习。

【实验目的】

（1）掌握以大毕赤酵母作为宿主菌，利用基因工程技术表达及制备白细胞介素-2 的技术方法和原理。

（2）掌握重组白细胞介素-2 的亲和纯化方法以及白细胞介素-2 在毕赤酵母中的表达量分析测定。

【实验原理】

白细胞介素-2（IL-2）是一种具有广泛生物学活性的细胞因子，分子质量为 15kDa，是含有 113 个氨基酸残基的糖蛋白，$pI = 6.6 \sim 8.2$，是一种球形蛋白。它的功能主要包括促进已活化的 T 细胞增殖并分化成熟为效应 Td 细胞和 Tc 细胞，诱导 Tc、NK 细胞和 LAK 细胞等多种免疫细胞的分化，诱导免疫细胞产生 IFN-γ、TNF-α、GM-CSF 等细胞因子。同时，它可以通过直接作用于 B 细胞或选择性地刺激 NK 细胞，促进其增殖、分化和 Ig 分泌，能够有效地提高免疫功能，医学上已用于预防和治疗一些常规方法难以治疗的疾病，如肿瘤等。由于 IL-2 的应用非常广泛，而且需求量也很大，白细胞介素-2（rhIL-2）的制备就显得格外重要。基因工程方法为白细胞介素的制备提供了新的选择。酵母表达系统由于同时具备原核以及真核表达系统的优点，在基因工程领域中得到越来越广泛的应用。酿酒酵母是最早应用于基因工程的酵母。毕赤酵母的表达载体中都含有甲醇酵母醇氧化酶基因—1（AOX1），该基因的启动子为 PAOX1。通过该启动子的作用，外源基因得以表达。PAOX1 作为一个强启动子，其特点是在以葡萄糖或甘油为碳源时，毕赤酵母中 AOX1 基因的表达受到抑制；而在以甲醇为唯一碳源时，PAOX1 可被诱导激活，从而在外源蛋白表达时，可以使用甲醇作为唯一碳源。用毕赤酵母表达体系表达 IL-2，能够使其产生糖基化。这与天然的 IL-2 相似，并可将 IL-2 分泌到菌体外，提纯方便，而且表达量比较高。

【实验试剂与器材】

样品：含质粒 pPICZα 的大肠杆菌 *E. coli* XL1-blue 菌株、含 IL-2 基因的 pUC57 质粒、*E. coli* XL1-blue 感受态细胞、毕赤酵母 GS115 菌株。

仪器：水浴锅、紫外分光光度计、摇床、培养箱、超净工作台、台式高速离心机、电转化仪、高压蒸汽灭菌锅、凝胶成像分析系统、蛋白电泳仪、核酸电泳仪、制冰机、分光光度计、超声破碎仪。

试剂：核酸内切酶、T4 DNA 连接酶、DNA Marker、蛋白分子量 Marker、DNA 凝胶回收试剂盒、Ni Sepharose™ 6 Fast Flow 蛋白纯化介质、无水氯化钙等。

其他：离心管、锥形瓶、烧杯、量筒、移液器、移液器吸头。

【实验步骤】

1. 重组 IL-2 表达菌株的构建

（1）用含 25μg/mL Zeocin 的 LB 固体培养基活化含质粒 pPICZα 的大肠杆菌 *E. coli* XL1-blue 菌株，过夜培养后，挑单克隆至含 25μg/mL Zeocin 的 LB 液体培养基进行扩增，并采用碱裂解法提取质粒，测定浓度保存在-20℃冰箱，备用。

（2）用含 100μg/mL Ampicilin 的 LB 固体培养基活化含质粒 IL-2 基因的大肠杆菌 *E. coli* XL1-blue 菌株，过夜培养后，挑单克隆至含 100μg/mL Ampicilin 的 LB 液体培养基进行扩增，并采用碱裂解法提取质粒，测定浓度保存在-20℃冰箱，备用。

（3）对提取的 pPICZα 质粒和 pUC57-IL-2 质粒采用同样的限制性内切酶进行双酶切，连接，转化到 XL1-blue 感受态细胞，涂布在含有 25μg/mL Zeocin 的 LB 固体平板，过夜培养后挑取转化子进行鉴定，获得 pPICZα-IL-2 重组质粒。

（4）挑取 GS115 酵母菌种至 YPD 固体培养基上进行活化，待长出单克隆后，接种至含有 5mL YPD 液体培养基的 50mL 锥形瓶中，30℃、250r/min 培养 12h 后，按 5% 接种量转接于已加 100mL YPD 液体培养基的 250mL 锥形瓶中，30℃、250r/min 振荡培养至 OD_{600} 为 1.3~1.5，需要 16~18h。

（5）收集培养好的酵母菌体，按 4℃、1500r/min 离心 5min 后弃上清液；30mL 冰冷无菌水重悬后，在冰上孵育 5min，按 4℃、1500r/min 离心 5min 后弃上清液；20mL 冰冷无菌水重悬，按 4℃、1500r/min 离心 5min 后弃上清液；10mL 冰冷的 1mol/L 的山梨醇重悬，按 4℃、1500r/min 离心 5min 后弃上清液；加入 1mL 冰冷的 1mol/L 的山梨醇重悬，转入 1.5mL 离心管，4℃1500r/min 离心 5min 后弃上清液；加入 200μL 的山梨醇重悬，80μL 每管分装后备用。

（6）用 SalI 核酸内切酶对 pPICZα-IL-2 重组质粒进行酶切线性化。酶切后，使用 DNA 产物纯化试剂盒回收并测定浓度后备用。

（7）取 5~10μg 纯化后质粒与 80μL 酵母感受态细胞混匀，转移至 2mm 的提前预冷的电转杯中，冰上放置 5min，按照电压 1500V、电容 25μF、电阻 200Ω 的参数进行电击转化；电击完毕后，立即加入 600μL 灭菌预冷的 1mol/L 山梨醇溶液，吹打均匀后，转入灭菌的 1.5mL 离心管内，按 30℃、250r/min 培养 1~2h；离心后，将菌体涂布于 3 块含有 100μg/mL Zeocin 的 YPD 平板上，30℃培养 2~3 天，至单菌落长出。

（8）将长出的菌落进行 PCR 鉴定，获得重组 IL-2 毕赤酵母表达菌株。

2. 重组 IL-2 毕赤酵母表达菌株的诱导表达

（1）挑取 PCR 鉴定成功的阳性克隆于 5mL BMGY 培养基中，30℃、250r/min 培养 24h。

（2）按 5% 的接种量转接至含有 25mL BMGY 培养基的 250mL 锥

形瓶中，30℃、250r/min培养至OD_{600}=4.0~6.0。

（3）待OD_{600}=6.0~8.0时，换BMMY培养基。先3000r/min离心5min，弃去培养基，用无菌水洗两次菌体；3000r/min离心5min，再用BMMY培养基重悬菌体，置于30℃、250r/min摇床上诱导表达。

（4）每24h取一次样，并加入过滤膜除菌的100%甲醇，使其终浓度为1%；连续培养144h，对样品进行SDS-PAGE蛋白电泳检测。

3. ELISA法测重组IL-2在发酵液中浓度

（1）将标准蛋白用包被液稀释获得系列浓度后，向96孔板每孔加入200μL标准蛋白溶液；每个浓度3个重复孔，4℃温育12~16h后，弃去孔内溶液；每孔加入洗涤缓冲液200μL，静置3~5min后弃去。前两次甩干最后一次拍打，一共洗3次。

（2）向每孔加入200μL 0.5% PBS-BSA封闭液，37℃温育1h，封闭非特异性结合位点；按上一步方法洗板后，每孔加入一抗（His-tag 1∶2000）100μL，37℃温育1.5h；洗板后，每孔加入二抗（HRP-Goat-anti-mouse 1∶5000）100μL，37℃温育1.5h。

（3）洗板后，向各反应孔中加入TMB显色液150μL；室温显色30min后，各反应孔中加入50μL 0.5mol/L H_2SO_4终止液，立即充分振荡混匀；5min内在酶标仪上测450nm处读值，制作标准曲线。

（4）将发酵液上清用包被液稀释5倍，取200μL包被于96孔板。每个样品3个重复孔，4℃孵育12~16h。其他步骤与标准品测定相同。将发酵液上清的吸光度值代入标曲公式，获得待测蛋白质的浓度。

4. 重组IL-2蛋白的纯化

（1）把层析柱固定在铁架台上，柱下端出口封闭。加入少量去离子水，排去下端的气泡。取出20%乙醇浸泡的螯合凝胶于烧杯中，加入少量去离子水制成糊状，沿着紧贴柱内壁的玻璃棒把糊状凝胶倒入柱内；打开下端排水口，让亲和凝胶剂随水流自然下沉。

（2）将诱导表达后的酵母培养液，4℃、3000r/min离心5min；取上清液，过0.22μm的滤膜；取6mL酵母上清液和6mL结合液加入3KDa超滤管离心，4℃、5000r/min离心8min，使得剩余体积约为6mL；然后再加入6mL结合液，4℃、5000r/min离心8min。重复两次，使得最终体积为 6mL。把超滤管中的样品加入结合柱，封好，放入 4℃摇床中，低速振荡结合过夜。

（3）结合完毕后，流出合液，用 3 倍柱体积的裂解液漂洗 3 遍；最后用洗脱缓冲液洗脱目的蛋白，并进行 SDS-PAGE 电泳分析。将收集纯化后的重组 IL-2 蛋白溶液进行脱盐，冻干保存。

【注意事项】

（1）酵母感受态细胞制备完成后，应尽快使用，存放最多不超过 7 天。

（2）酵母诱导表达过程中，要严格遵守无菌操作，避免污染。甲醇应当过滤除菌。

（3）酵母诱导表达过程中，应将未转化 GS115 菌株设立为阴性对照组。

【实验分析与思考】

（1）酵母和大肠杆菌分别作为宿主细胞，在操作上有哪些区别？

（2）线性化酶切后为什么要进行 DNA 纯化？

（3）酵母的转化方法有哪些？

（4）为什么选择外泌型蛋白表达方法？

实验 5-3 人血红蛋白单克隆抗体的制备

本实验以人血红蛋白单克隆抗体的制备作为实例，应用单克隆抗体制备技术，以临床检测粪便潜血试验的靶向物质——人血红蛋白为对象，研制单克隆抗体，为相关疾病的检测提供实验基础。实验内容涉及细胞培养、细胞融合、抗体纯化等系列实验技术，能够系统增强生物技术制药相关专业学生对抗体制备技术的实践操作能力和工艺流程认知水平。

【实验目的】

（1）掌握学习聚乙二醇诱导细胞融合的原理与技术。

（2）掌握抗人血红蛋白单克隆抗体的制备方法和技术。

【实验原理】

当人体由于多种急慢性疾病造成体内出血，尤其是消化道出血时，血红蛋白代谢不完全，可以形成隐血排泄物。通过检测血红蛋白即可确定是否有慢性出血，这在临床诊断和筛查中有重要的应用价值。目前，在临床筛查中，隐血的检测主要使用高通量的免疫学检测方法，制备免疫检测试剂时，特异性抗体的制备是关键。单克隆抗体由一个产生抗体的脾细胞与一个骨髓瘤细胞融合而形成的杂交瘤细胞，经无性繁殖而来的细胞群所产生的，所以它们属同一亚型；而且针对同一抗原决定簇，特异性强，亲和力一致。抗人血红蛋白的单克隆抗体，可以特异性地结合人血红蛋白抗原，而不结合其他种类的血红蛋白（如猪、牛、羊、鸡等），因此在临床检测上具有明显的优势。

【实验试剂与器材】

材料：6周龄实验用小鼠、小鼠脾细胞、骨髓瘤细胞。

仪器：离心机、超净工作台、倒置显微镜。

　　试剂：细胞培养液、台盼蓝、伊红、PBS、HT 培养液、HAT 培养液。

　　其他：解剖剪、解剖镊、眼科剪、眼科镊、培养皿、纱布、吸管、橡皮头、烧杯、移液枪、注射器、针头、离心管、酒精灯、酒精棉球、试管架、解剖板等。

【实验步骤】

　　1. 动物免疫

　　根据抗原的特性选择合适的免疫方案。对于可溶性抗原，免疫原性弱，一般要加佐剂。常用佐剂为福氏完全佐剂和福氏不完全佐剂。要求抗原和佐剂等体积混合在一起，研磨成油包水的乳糜状。初次免疫，抗原 50μg/只，加福氏完全佐剂皮下多点注射，一般 1.5mL，间隔 3 周；第二次免疫，剂量途径同第一次，加福氏不完全佐剂，间隔 3 周；第三次免疫，剂量同上，不加佐剂，腹腔注射，7 天后采血测其效价，检测免疫效果，间隔 3 周；最后一次加强免疫，剂量 50μg，腹腔注射，3 天后取脾细胞融合。

　　2. 细胞融合

　　（1）饲养层细胞的准备：用 6~10 周龄的 BALB/c 小鼠，拉颈处死后，浸泡于 75% 的酒精，消毒 3min；用无菌剪刀剪开皮肤，暴露腹膜。用吸管注入 6mL 培养液，反复冲洗，吸出冲洗液；用 20% 小牛血清的培养液混悬，调整细胞数为 1×10^5/mL，加入 96 孔板，100μL/孔，放入 37℃ 孵箱培养。

　　（2）骨髓瘤细胞的准备：细胞融合前 48~36 小时，将骨髓瘤细胞扩大培养；融合当天，用弯头滴管将细胞从瓶壁轻轻吹下，收集于 50mL 离心管或融合管内，1000r/min 离心 5~10min；弃去上清液，加入 30mL 不完全培养基，离心洗涤一次；然后将细胞重悬于 10mL 不完全培养基，混匀后取骨髓瘤细胞悬液，加 0.4% 台盼蓝染液，做活细胞计数后备用。

　　（3）脾细胞的准备：取已经免疫的小鼠，摘除眼球采血，并分离血清作为抗体检测时的阳性对照血清；同时，通过颈椎脱臼致死小鼠，浸泡于 75% 酒精中 5min，于培养皿上固定后，掀开左侧腹部皮肤，可看到脾脏；换眼科剪镊，在超净台中用无菌手术剪开腹膜，取出脾脏置于已盛有 10mL 不完全培养基的平皿中；轻轻洗涤，并细心剥去周围结缔组织，置平皿中不锈钢筛网上，用注射器针芯研磨成细胞悬液后计数，使脾细胞进入平皿中的不完全培养基。用吸管吹打数次，制成单细胞悬液。通常每只小鼠有 $(1～2.5)×10^8$ 个脾细胞。

（4）细胞融合：将 $1×10^8$ 脾细胞与 $1×10^7$ 骨髓瘤细胞 SP2/0 混合于一支 50mL 融合管中，补加不完全培养基至 30mL，充分混匀后，1000r/min 离心 5～10min，将上清液尽量吸净。在手掌上轻击融合管底，使沉淀细胞松散均匀，用 1mL 吸管在 30s 内加入预热的 50% PEG 溶液 1mL，边加边轻轻搅拌，然后吸入吸管静置 1min 并加入预热的不完全培养液，终止 PEG 作用，连续每 2min 内分别加入 1mL、2mL、3mL、4mL、5mL、10mL 培养液，800r/min 离心 5min 后，弃去上清液。再加入 5mL 完全培养基，轻轻吹吸沉淀细胞，使其悬浮并混匀，然后补加完全培养基至 40～50mL。分装 96 孔细胞培养板，每孔 1mL，然后将培养板置于 37℃，5% CO_2 培养箱内培养 6h 后，补加选择培养基，每孔 50μL；3 天后，用选择培养基换液并定期观察杂交瘤细胞生长情况，待其长至孔底面积 1/10 以上时，吸出上清液供抗体检测。

（5）杂交瘤细胞的选择：将抗原用包被液稀释至 10μg/mL，以 100μL/孔加入酶标板孔中，于 4℃ 过夜或 37℃ 吸附 2h，然后弃去孔内的液体；同时，用洗涤液洗 3 次，每次 3min，拍干后每孔加 100μL 封闭液，于 37℃ 封闭 1h 后，洗涤液洗 3 次；向每孔加 100μL 待检杂交瘤细胞培养上清液，同时设立阳性、阴性对照和空白对照于 37℃ 孵育 1h 后洗涤，拍干。再每孔加酶标二抗 100μL，37℃ 孵育 1h 后洗涤，拍干。再每孔加新鲜配制的底物使用液 100μL，37℃ 孵育 20min。最后以 2mol/L H_2SO_4 终止反应，在酶联免疫阅读仪上读取 OD 值。结果判定：以 P/N≥2.1，或 P≥N+3SD 为阳性。若阴性对照孔无色或接近无色，阳性对照孔明确显色，则可直接用肉眼观察结果。

（6）杂交瘤细胞的克隆化（有限稀释法）：首先制备小鼠脾细胞为饲养细胞，然后制备待克隆的杂交瘤细胞悬液，用含 20% 血清的

HT 培养基稀释至每毫升含 5、10 和 20 个细胞的 3 种不同的稀释度；按每毫升加入 $5 \times 10^4 \sim 1 \times 10^5$ 细胞的比例，在上述杂交瘤细胞悬液中分别加入腹腔巨噬细胞。每种杂交瘤细胞分装 96 孔板一块，每孔量为 100μL，于 37℃、5% CO_2 条件下培养 6 天，出现肉眼可见的克隆时，即可检测抗体；在倒置显微镜下观察，标出只有单个克隆生长的孔，取上清液做抗体检测，取抗体检测阳性孔的细胞扩大培养，并冻存。

3. 单克隆抗体的 Ig 类与亚类的鉴定

以 10μg/mL 浓度的抗原包被酶标板，50μL/孔，4℃过夜，洗涤后加入待检的单抗样品，100μL/孔，37℃孵育 1h，并设阴性、阳性对照孔。洗涤后，加入 HRP 标记的抗小鼠类及亚类 Ig 的抗体试剂，100μL/孔，37℃避光显色 20min；用 2mol/L H_2SO_4 终止反应后，根据颜色判断抗体的亚型。

4. 单克隆抗体的生产及纯化

（1）动物体内生产单抗：在成年小鼠腹腔中接种降植烷或液体石蜡，每只小鼠 0.3~0.5mL；7~10 天后，腹腔接种用 PBS 或无血清培养基稀释后的杂交瘤细胞，每只小鼠 $5 \times 10^5/0.2$mL。间隔 5 天后，每天观察小鼠腹水产生情况，如腹部明显膨大，以手触摸时，皮肤有紧张感，即可采集腹水。通常每只小鼠可采 3mL 腹水；将腹水以 2000r/min 离心 5min 后，除去细胞成分和其他的沉淀物，收集上清液，测定抗体效价，分装，-70℃冻存备用。

（2）单克隆抗体的纯化（辛酸-硫酸铵沉淀法）：将取出的腹水在 4℃ 下以 12000r/min 离心 15min 去除杂质后，加 2 倍体积的 0.06mol/L pH = 5.0 醋酸盐缓冲液，按每毫升稀释腹水加 33μL 辛酸的比例，室温搅拌下逐滴加入辛酸，室温混合 30min 后于 4℃ 静置 2h；取出 12000r/min 离心 30min，弃沉淀；将上清液经尼龙筛过滤后，于 50 倍体积的 0.01mol/L pH = 7.4 的 PBS 中 4℃透析 6h，再向透析后的上清液中加入等体积饱和硫酸铵溶液，于 4℃静置 1h 以上，10000r/min 离心 30min 后，弃上清液。将沉淀溶于适量 PBS 中，于 50~100 倍体积的 PBS 中透析过夜，取少量透析后样品适当稀释后，以紫外分光光度计检测蛋白含量，通过 SDS-PAGE 和 Western blotting

检测抗体纯度。

【注意事项】

（1）生长状况良好的细胞膜和核完整，细胞质透明。若细胞质出现较多颗粒状或空泡，证明细胞衰老。

（2）小鼠一定要在酒精中充分浸泡 3min，防止杂菌污染无菌操作台。

（3）取小鼠脾脏时，注意保持其完整。注入缓冲液要慢而准且适量，不要撑破脾脏，保证细胞分散游离出来，也不能使游离的细胞中含有块状物质。

（4）培养液 pH＝7.0～7.4，其中加有酚酞，正常状况细胞生长过程代谢物会使 pH 值下降，培养液的颜色会变黄。因此，可通过培养液颜色变化初步判断细胞生长状况。

【实验分析与思考】

（1）为什么小鼠处死后一定要在酒精中充分浸泡数分钟？

（2）台盼蓝染色的基本原理是什么？

（3）单克隆抗体和杂交瘤细胞的区别。

（4）简述辛酸-硫酸铵法纯化单克隆抗体的原理。

实验 5-4　高产聚苹果酸菌株筛选分离

发酵工程是整个生物工程的核心，是工业微生物实现实验室与工厂化生产的具体操作，是生物技术在生产实践中应用的原理及方法的一部分，是基因工程及酶工程等生物技术工业化的过程与方法。因此，通过对发酵工程课程的学习，不仅可掌握发酵工程原理及发酵优化控制过程，而且对系统了解生物技术及其工业化应用都具有深远的意义。本实验根据发酵工程的共性技术选编了代表性的实验，涉及工业菌种分离、诱变选育、发酵过程优化、流加发酵技术、发酵罐使用及发酵实验等，基本上覆盖了发酵工程基本实验技术和发酵理论，其中主要以课题组研究成果为基础，通过对出芽短梗霉菌株的自然界筛选、富集、分离等手段，获得特定目的产物的高产菌株，大部分为创新性设计实验，为学生将来进入研究生阶段的课题研究，进入发酵及相关行业工作以及新产品开发，打下基础。

【实验目的】

（1）在自然界中筛选高产聚苹果酸的出芽短梗霉菌株。

（2）掌握并学习筛选及鉴定出芽短梗霉的方法。

【实验原理】

出芽短梗霉属于真菌界，半知菌门，丛梗孢目，暗色丛梗孢科，短梗霉属。出芽短梗霉是一种腐生真菌，广泛存在于自然界中。出芽短梗霉在自然界中分布比较广泛，主要集中在植物叶片、花瓣、树皮以及海洋中。自然界分离到的不同亚种在各种培养条件下菌落形态有所差异，主要表现在不同色素和胞外多糖的分泌引起的变化。一般情况下，培养前期菌落圆润而黏稠随着菌龄增加会出现粉红色、黄色或者黑色，菌落逐渐平整圆滑。目前已分离到许多不同性状的出芽短梗霉，它们普遍能够合成普鲁兰多糖、聚苹果酸、各种胞外酶、葡萄糖酸、黑色素、单细胞蛋白等。

聚苹果酸（Polymalic Acid，PMA）是由其单体苹果酸通过 α 位的—OH 与 α 或 β 位的—COOH 酯化而形成的新型聚酯化合物，根据酯键的位置差异分为 α、β 和 γ 三种构型。这三种构型都能通过化学方法合成，但分子量较小（≤17.4kDa），条件苛刻；而生物法则只能合成 β 型聚苹果酸。聚苹果酸聚合单体苹果酸是三羧酸循环（TCA）中的重要代谢中间体，很容易被生物体代谢利用，因此聚苹果酸具有非常好的生物相容性、生物可降解性和生物可吸收性；由于聚苹果酸分子中带有很多外挂羧基，具有很好的水溶性和可修饰性，方便将各种药物靶标或载体连接到了—COOH 上，形成具有新功能的衍生。

【实验试剂与器材】

材料：出芽短梗霉菌种从自然界采样分离，一般接种于 PDA 斜面 4℃保藏。

仪器：超净工作台、灭菌锅、恒温摇床、恒温培养箱、250mL 锥形瓶、显微镜、天平、pH 计等。

试剂：葡萄糖、酵母膏、蛋白胨、琼脂粉、甘露醇、硝酸铵、KH_2PO_4、$MgSO_4 \cdot 7H_2O$、柠檬酸、KCl、琼脂粉、溴甲酚绿、玉米浆、$CaCO_3$、$ZnSO_4 \cdot 7H_2O$。

【实验步骤】

1. 采样

根据文献调研，高产聚苹果酸的出芽短梗霉分布广泛，可从海洋、桃树或樱花树等环境下分离。本实验选择在桃树或樱花等新鲜花朵、树蜜采集样本。

2. 富集与分离

向 250mL 三角瓶中加入 20mL 纯净水并加入玻璃珠，121℃灭菌 20min 后备用。将采集的样本在无菌环境下放入无菌水中振摇 20min 后，将液体移取至装有 20mL 富集培养基的摇瓶中培养（220r/min），25℃培养直至液体浑浊。将浑浊菌体按等比例稀释后，取 100μL 均匀涂布于事先制备好的 PDA 培养基平板上，置 25℃烘箱倒置培养 2~

4 天。定期观察菌落生长情况，挑取单菌落用革兰氏染色法染色后，油镜下观察细胞形态，确定单菌落只含有一种细胞形态，且符合出芽短梗霉椭圆状；若菌落不纯，需继续分离至单菌落。

3. 筛选

（1）初筛：用牙签蘸取单菌落点在筛选培养基上，25℃ 培养箱中培养 2~4 天。定期观察是否有黄色产酸圈，以有明显黄色产酸圈的菌落继续后续研究。挑取菌落于种子培养基中，25℃ 培养 48h，取发酵液上清液加入 4 倍体积无水乙醇，若有白色絮状沉淀，则可判定发酵液中可能有 PMA。采用 HPLC 法检测有絮状沉淀出现的发酵后离心液，将其中能产生 PMA 的作为初筛目的菌株。

（2）复筛：取初筛目的菌株经过二级培养，取发酵液离心水解后，测定 PMA 含量，选择产量最高的一株为复筛目的菌株，并保存于 PDA 斜面。

4. 菌株鉴定

（1）形态鉴定：将复筛目的菌株接种于 PDA 培养基平板上于 25℃ 培养 2 天，观察菌落形态。并取单菌落用革兰氏染色法染色，油镜下观察菌株微观形态。

（2）分子鉴定：内转录间隔区（Internal Transcribed Sequence, ITS）包括 18S 和 5.8SrDNA 中的 ITS1 及 5.8SrDNA 和 28SrDNA 间的 ITS2。18S、5.8S 和 28SrDNA。基因序列进化相当保守，但 ITS1 和 ITS2 为中度保守区域，使得种内相对一致，而种间存在明显差异，因而广泛用于种内或属内物种间差异较明显菌群间的系统发育分析。用改良 CTAB 法提取目的菌株基因组，以菌株基因组为模板，采用通用引物上引（5′-TCCTCCGCTTATTGATATGC-3′）和下引（5′-GGAAGTAAAAGTCGTAACAAG-3′），扩增核糖体 DNA 的 ITS 序列。经琼脂糖凝胶电泳验证 PCR 产物后，用 DNA 纯化回收试剂盒回收 PCR 产物进行测序；将测序结果提交至 GenBank 库进行 Blast 检索，采用 MEGA6.06 软件进行多序列匹配排列，构建系统发育树。

PCR 反应体系如下：

DNA 模板　　　　　　　　　　1μL

10×ExTaq Buffer　　　　　　　2.5μL

MgCl$_2$（25mM）	2μL
dNTP（各 2.5mM）	2μL
上引	1μL
下引	1μL
Taq（5U/μL）	0.125μL
ddH$_2$O	加至 25μL

扩增程序为：

94℃	3min	
94℃	35s	
50℃	50s	30 循环
72℃	45s	
72℃	10min	

【注意事项】

高产聚苹果酸的出芽短梗霉分布广泛，可从各种环境和材料中进行分离。本实验推荐从桃树或樱花等新鲜花朵、树蜜采集样本，菌种表达量相对较高。

【实验分析与思考】

（1）为什么菌株筛选过程中，要分离单菌落？

（2）PCR 的原理和注意事项有哪些？

附　录

附录1　生物技术制药实验常用
试剂的配制方法

（1）0.5mol/L 氢氧化钠溶液　准确称取氢氧化钠 40g，用去离子水溶解并稀释至 2L。

（2）0.5mol/L 盐酸溶液　准确量取浓盐酸 83.4mL，用去离子水稀释至 2L。

（3）0.2% 葡萄糖标准溶液　准确称取葡萄糖 2g，用去离子水溶解并定容至 1L，于 4℃保存备用。

（4）250μg/mL 牛血清　准确称取 250mg 标准牛血清白蛋白，用 0.03mol/L pH=7.8 的磷酸缓冲液溶解并定容至 1L，于 4℃保存备用。

（5）5% 蔗糖溶液　准确称取蔗糖 50g，用去离子水溶解定容至 1L，常温保存备用。

（6）0.1mol/L 蔗糖溶液　准确称取蔗糖 34.230g，用去离子水溶解并定容至 1L，常温保存备用。

（7）20% 乙酸溶液　量取冰乙酸 300mL，用去离子水稀释至 1200mL，常温保存备用。

（8）Folin 试剂甲　称取 10g 氢氧化钠，溶于 400mL 去离子水中，加入 50g 无水碳酸钠，溶解，作为溶液 1 待用；称取 0.5g 酒石酸钾钠，溶于 80mL 去离子水中，加入 0.25g 硫酸铜，溶解，作为溶液 2 待用；将溶液 1、溶液 2 和去离子水，按照 20∶4∶1 的比例混合即可，于 4℃保存，一周内可用。

（9）Folin 试剂乙　在 500mL 的磨口回流装置内加入钨酸钠 25.0359g，钼酸钠 6.2526g，去离子水 175mL，85% 磷酸 12.5mL，浓盐酸 25mL，充分混合。回流 10h，再加硫酸锂 37.5g，去离子水 12.5mL 及数滴溴。然后开口沸腾 15min，以驱除过量的溴，冷却后定容到 250mL。于棕色瓶中保存，可使用多年。

（10）DNS 试剂　取 3，5-二硝基水杨酸 10g，加入 2mol/L 氢氧化钠溶液 200mL，将 3，5-二硝基水杨酸溶解，然后加入酒石酸钾钠 300g，待其完全溶解，用去离子水稀释至 2000mL，棕色瓶保存。

（11）30%（W/V）Acrylamide　准确称量 290g 丙烯酰胺和 10g 甲叉双丙烯酰胺，置于 1L 烧杯中，向烧杯中加入约 600mL 的去离子水，充分搅拌溶解；加入去离子水，将溶液定容至 1L，用 0.45μm 滤膜滤去杂质，于棕色瓶中 4℃保存。注意：丙烯酰胺具有很强的神经毒性，并可通过皮肤吸收，其作用有积累性，配制时应戴手套等。聚丙烯酰胺无毒，但也应谨慎操作，因为有可能含有少量的未聚合成分。

（12）40%（W/V）Acrylamide　准确称量 380g 丙烯酰胺和 20g 甲叉双丙烯酰胺，置于 1L 烧杯中；向烧杯中加入约 600mL 的去离子水，充分搅拌溶解；加入去离子水，将溶液定容至 1L；用 0.45μm 滤膜滤去杂质，于棕色瓶中 4℃保存。注意：丙烯酰胺具有很强的神经毒性，并可通过皮肤吸收，其作用有积累性，配制时应戴手套等。聚丙烯酰胺无毒，但也应谨慎操作，因为有可能含有少量的未聚合成分。

（13）10%（W/V）过硫酸铵　准确称取 1g 过硫酸铵，加入 10mL 的去离子水后，搅拌溶解，贮存于 4℃备用。注意：10%过硫酸铵溶液在 4℃保存时间可使用 2 周左右，超过期限会失去催化作用。

（14）考马斯亮蓝 R-250 染色液　准确称取 1g 考马斯亮蓝 R-250，置于 1L 烧杯中；量取 250mL 的异丙醇加入上述烧杯中，搅拌溶解；再加入 100mL 的冰醋酸，均匀搅拌后，加入 650mL 的去离子水，均匀搅拌，用滤纸除去颗粒物质后，室温保存。

（15）考马斯亮蓝染色脱色液　准确量取 100mL 醋酸，50mL 乙醇，850mL 去离子水，置于 1L 烧杯中，充分混合后使用。

（16）银氨染色用凝胶固定液　准确量取 500mL 甲醇，100mL 醋酸，400mL 去离子水，置于 1L 烧杯中，充分混合后，室温保存备用。

（17）银氨染色用凝胶处理液　准确量取 500mL 甲醇，100mL 戊二醛，400mL 去离子水，置于 1L 烧杯中，充分混合后，室温保存备用。

（18）银氨染色用凝胶染色液　准确量取 2mL 20%硝酸银，1mL 浓氨水，1mL 4%氢氧化钠溶液，96mL 去离子水，均匀混合。该溶液应为无色透明状。如氨水浓度过低时，溶液会呈现混浊状，此时应补加浓氨水，直至透明。置于棕色试剂瓶中，充分混合后，避光保存备用。

（19）银氨染色用显影液　准确量取 50mg 柠檬酸，0.2mL 甲醛，加入 1L 去离子水，均匀混合；充分混合后，保存备用。

（20）45%乙醇溶液　准确量取无水乙醇 450mL，加入去离子水 550mL，充分混合后，保存备用。

（21）5%的十二烷基硫酸钠溶液　准确称取 5.0g 十二烷基硫酸钠，溶于 100mL 4%的乙醇溶液中，充分混合后，保存备用。

（22）三氯甲烷–异戊醇混合试剂　准确量取 500mL 三氯甲烷，加入 21mL 异戊醇试剂，充分混匀后保存备用。

（23）1.6%乙醛溶液　准确量取 47%乙醛 3.4mL，用去离子水定容至 100mL，充分混合后保存备用。

（24）二苯胺试剂　准确称取二苯胺试剂 0.8g，溶解于 180mL 冰乙酸中；再加入 8mL 高氯酸混匀，待临用前加入 0.8mL 1.6%乙醛溶液。注意：配制完成后试剂应为无色。

（25）15%三氯乙酸溶液　准确称取三氯乙酸 300g，用去离子水溶解定容至 2000mL，充分混合后保存备用。

（26）1%谷氨酸溶液　准确称取 5g 谷氨酸，先用适量的去离子水溶解，再用氢氧化钾溶液中和至中性，最后用去离子水定容至 0.5L，充分混合后，保存备用。

（27）1%丙酮酸溶液　准确称取 5g 谷氨酸，先用适量的去离子水溶解，再用氢氧化钾溶液中和至中性，最后用去离子水定容至 0.5L，充分混合后，保存备用。

（28）0.1%的碳酸氢钾溶液　准确称取碳酸氢钾 0.5g，用去离子水溶解定容至 0.5L，充分混合后，保存备用。

（29）0.05%的碘乙酸溶液　准确称取 0.125g 碘乙酸，用去离子水溶解定容至 0.25L，充分混合后，保存备用。

（30）乐氏溶液　准确称取 18g 氯化钠，0.84g 氯化钾，48g 氯化钙，0.3g 碳酸氢钠，2g 葡萄糖，用去离子水溶解定容至 2L，充分混合后，保存备用。

（31）0.2mol/L 的丁酸溶液　准确量取 18mL 正丁酸试剂，用 1mol/L 的氢氧化钠溶液中和后，再用去离子水定容至 1L。

（32）0.1mol/L 的硫代硫酸钠溶液　准确称取 24.817g 硫代硫酸钠，用去离子水溶解并定溶至 1L，充分混合后，保存备用。

（33）0.1mol/L 的碘溶液　准确称取碘 12.7g 和碘化钾 25g，用去离子水溶解并定容至 1L，再用 0.1mol/L 的硫代硫酸钠标定，保存备用。

（34）10%氢氧化钠溶液　准确称取 100g 氢氧化钠，用去离子水溶解后并定容至 1L，充分混合后，保存备用。

（35）10%盐酸溶液　准确量取浓盐酸 49.3mL，用去离子水定容至 200mL，充分混合后，保存备用。

（36）0.1%标准丙氨酸溶液　准确称取丙氨酸 0.5g，用去离子水溶解并定容至 0.5L，充分混合后，保存备用。

（37）0.1%标准谷氨酸溶液　准确称取谷氨酸 0.5g，用去离子水溶解并定容至 0.5L，充分混合后，保存备用。

（38）0.1%水合茚三酮乙醇溶液　准确称取 1g 水合茚三酮试剂，溶于 1L 无水乙醇中，充分混合后，保存备用。

（39）酚溶液　先在大烧杯中加入 80mL 去离子水，再加入 300g 苯酚，在水浴中加热搅拌、混合至苯酚完全溶解。将该溶液倒入盛有 200mL 去离子水的 1000mL 分液漏斗内，轻轻振荡混合，使其成为乳状液。静止 7~10h，乳状液变成两层透明溶液，下层为被水饱和的酚溶液。放出下层，贮存于棕色瓶中保存备用。

（40）0.5%淀粉溶液　准确称取淀粉 0.5g，用去离子水溶解定容至 0.1L，充分混合后，保存备用。

（41）对羟基联苯试剂　准确称取对羟基联苯 1.5g，溶于 100mL 0.5%氢氧化钠溶液中，充分混合后，保存备用。注意：若对羟基联苯颜色较深，应用丙酮或无水乙醇重结晶，放置时间较长后，会出顶针状结晶，应摇匀后使用。

（42）PBS 缓冲液　准确称取氯化钠 8.0g，氯化钾 0.2g，磷酸氢二钠 1.44g，磷酸二氢钾 0.24g，加蒸馏水至 1000mL，调节 pH 值至 7.4（用 Na_2HPO_4 或 KH_2PO_4 调节），保存备用。

（43）5×SDS-PAGE 电泳缓冲液　准确称取 Tris 15.1g，Glycine 94g，SDS 5.0g，加入约 800mL 的去离子水，搅拌溶解；再加去离子水，将溶液定容至 1L，充分混合后，保存备用。使用时，稀释至工作浓度。

（44）5×SDS-PAGE 上样缓冲液　准确量取 1mol/L Tris-HCl 溶液 1.25mL，SDS 0.5g，溴酚蓝 25mg，甘油 2.5mL Tris 15.1g，Glycine 94g，SDS 5.0g，加入约 800mL 的去离子水，搅拌溶解；再加去离子水，将溶液定容至 1L；小份（500μL/份）分装后，于 -20℃ 保存。使用前，将 25μL 的 β-巯基乙醇加到每小份中，充分混合后，保存备用。使用时，稀释至工作浓度。

附录2　生物技术制药常用培养基的配制

（1）LB 培养基　准确称取 Tryptone 12g，Yeast Extract 24g，Glycerol 4mL，加入约 800mL 的去离子水，充分搅拌溶解；滴加 5mol/L NaOH（约 0.2mL），调节 pH 值至 7.4；加入去离子水定容至 1L，高温高压灭菌后，4℃保存。

（2）TB 培养基　准确称取 Tryptone 10g，Yeast Extract 5g，NaCl 10g，加入约 800mL 的去离子水，充分搅拌溶解，滴加 5mol/L NaOH（约 0.2mL），调节 pH 值至 7.4，加入去离子水定容至 1L；高温高压灭菌后，待溶液冷却至 60℃ 以下时，加入 100mL 的磷酸盐缓冲液（0.17mol/L KH_2PO_4，0.72mol/L K_2HPO_4），4℃保存备用。

（3）SOB 培养基　准确称取 Tryptone 20g，Yeast Extract 5g，NaCl 0.5g，加入约 800mL 的去离子水，充分搅拌溶解，加入 10mL 250mmol/L KCl 溶液，5mol/L NaOH 溶液（约 0.2mL）加入烧杯中，调节 pH 值至 7.4，加入去离子水将培养基定容至 1L，高温高压灭菌后，4℃保存备用。使用前，加入 5mL 灭菌的 2mol/L $MgCl_2$ 溶液。

（4）SOC 培养基　将 18g 葡萄糖溶于 90mL 去离子水中，充分溶解后定容至 100mL，用 0.22μm 滤膜过滤除菌。向 100mL SOB 培养基中加入除菌的 1mol/L 葡萄糖溶液 2mL，均匀混合后，4℃保存备用。

（5）2×YT 培养基　准确称取 Tryptone 16g，Yeast Extract 10g，NaCl 5g，加入约 800mL 的去离子水，充分搅拌溶解，滴加 1mol/L NaOH，调节 pH 值至 7.4，加入去离子水定容至 1L，高温高压灭菌后，4℃保存备用。

（6）YP70　准确称取 Tryptone 20g，Yeast Extract 10g，加入约 700mL 的去离子水，充分搅拌溶解，高温高压灭菌后，4℃保存备用。

（7）YP80　准确称取 Tryptone 20g，Yeast Extract 10g，NaCl 0.5g，加入约 800mL 的去离子水，充分搅拌溶解，高温高压灭菌后，4℃保存备用。

（8）YPD 准确称取 Tryptone 20g，Yeast Extract 10g，加入约 900mL 的去离子水，充分搅拌溶解，再加入 100mL 灭好菌的 20% 葡萄糖溶液，高温高压灭菌后，4℃ 保存备用。

（9）YPDS 准确称取 Tryptone 20g，Yeast Extract 10g，葡萄糖 20g，山梨醇 182.1g，琼脂粉 20g，加入约 900mL 的去离子水，充分搅拌溶解，再加入 100mL 灭好菌的 20% 葡萄糖溶液，高温高压灭菌后，待培养基冷却至 55℃ 左右，在超净台上加入抗生素 Zeocin 至终浓度为 100μg/mL，4℃ 保存备用。

（10）13.4%YNB 准确称取 Yeast Nitrogen Base 134g，加入约 1000mL 的去离子水，充分搅拌溶解，0.22μm 的水膜过滤后，分装至 1.5mL EP 管中，4℃ 保存备用。

（11）BMMY 准确称取 Tryptone 20g，Yeast Extract 10g，葡萄糖 20g，加入约 700mL 的去离子水，充分搅拌溶解；高温高压灭菌后，待培养基冷却至 55℃ 左右，再加入 100mL pH=6.0 的 1mol/L 磷酸钾缓冲液，100mL 10×YNB，2mL 500×B 及 100mL 10×M，4℃ 保存备用，有效期三个月。

参 考 文 献

[1] 邹全明. 生物技术制药实验指导 ［M］. 北京：人民卫生出版社，2016.

[2] 王凤山，邹全明. 生物技术制药（第3版）［M］. 北京：人民卫生出版社，2016.

[3] 程玉鹏，高宁. 生物技术制药实验指南 ［M］. 北京：中国农业科学技术出版社，2014.

[4] 蔡琳. 生物制药综合性与设计性实验教程 ［M］. 北京：高等教育出版社，2015.

[5] 曹军卫. 生物技术综合实验 ［M］. 北京：科学出版社，2013.

[6] 陆勇军. 生物技术综合实验 ［M］. 广州：中山大学出版社，2017.

[7] 刘学春，聂永心. 生物技术实验指导 ［M］. 北京：中国农业出版社，2015.

[8] Joseph Sambrook，David W. Russell. 分子克隆实验指南 ［M］. 黄培堂，等译. 北京：化学工业出版社，2008.

[9] Howard G C，Kaser M R. 抗体制备与使用实验指南 ［M］. 张权庚，张玉祥，丁卫，等译. 北京：科学出版社，2010.

[10] 张正光. 生物制药实用技术 ［M］. 北京：科学出版社，2017.

冶金工业出版社部分图书推荐

书　　名	作　者	定价(元)
天然药物化学实验指导	孙春龙	16.00
基础有机化学实验	段永正	28.00
生物质活性炭催化剂的制备及脱硫应用	宁　平	65.00
基于 Excel 的生物试验数据分析	马怀良	65.00
生物化学	黄洪媛	46.00
农村生物质综合处理与资源化利用技术	甄广印	48.00
典型微囊藻毒素微生物降解技术及原理	王俊峰	36.00
生物神经系统同步的抗扰控制设计与仿真	魏　伟	48.00
生物化学	常雁红	42.00
基因工程实验指导	朱俊华	36.00
微生物学	高　旭	49.00
大学生电子健康档案与智慧医疗	刘　雪	25.00
生物化学与分子生物学	王珂佳	49.00
环境工程微生物学实验教程	林　海	39.00
环境工程综合实验教程	齐立强	42.00
环境工程实验	潘大伟	20.00